建筑设计系列教程 & CAI
Lessons for Student in Architecture Design & CAI

幼儿园建筑设计

Kindergarten Architecture Design

付瑶 主编

周然 王飒 周淼 满红 编著

周淼 CAI制作

中国建筑工业出版社

图书在版编目（CIP）数据

幼儿园建筑设计／付瑶主编，周然等编著.－北京：中国建筑工业出版社，2007（2024.12重印）
（建筑设计系列教程＆CAI）
ISBN 978-7-112-08595-8

Ⅰ.幼… Ⅱ.①付…②周… Ⅲ.幼儿园－建筑设计－高等学校－教材 Ⅳ.TU244.1

中国版本图书馆CIP数据核字(2007)第108753号

责任编辑：陈　桦
责任设计：赵明霞
责任校对：兰曼利　王雪竹

建筑设计系列教程 & CAI
Lessons for Student in Architecture Design & CAI

幼儿园建筑设计
Kindergarten Architecture Design

付瑶　主编
周然　王飒　周淼　满红　编著
周淼　CAI 制作

*

中国建筑工业出版社出版、发行(北京西郊百万庄)
各地新华书店、建筑书店经销
北京广厦京港图文有限公司制版
北京中科印刷有限公司印刷

*

开本：787×1092毫米 1/16 印张：10¼ 插页：4 字数：261千字
2007年7月第一版 2024年12月第十六次印刷
定价：35.00元(含课件光盘)
ISBN 978-7-112-08595-8
(15259)

版权所有　翻印必究
如有印装质量问题，可寄本社退换
(邮政编码 100037)

出版说明

本系列教程是建筑学、城市规划、环境艺术等专业建筑设计系列课程教学用书。主要是针对在信息时代,学生与教师对信息知识获取渠道的改变而进行的编著与制作。课件制作有完整的知识体系,有前沿的、先进的教学内容,同时通过课件相关内容的设置,强调学生的主动操作与互动学习。

市场上建筑类的光盘出版物比较多,但大多以图片欣赏为主,鲜有以教学为主,有完整教学内容,有互动环节的电子图书。本书在编写上也与以往的类型建筑参考书不同,不单只是相关类型建筑设计原理的编写,同时更强调"教"与"学"。在教授完设计原理之后,以实例分析帮助学生理解相关类型建筑设计,根据不同年级学生教授一定的设计方法与设计手法,并介绍一些创作技法;最后可以通过一些互动式训练增强学生对知识的掌握与理解。

本系列教材编写的一个主要原则是方便的演示和查阅功能。内容精炼,要点明确,课件表达生动,在内容组织上有以下几个部分:一是建筑设计原理,主要讲解各类型建筑设计的基本原理和设计要点;二是设计规范与数据资料,将各种基础数据和国家有关规范、规定详细罗列,以便于查询;三是学生作业实例,收录了一些优秀的学生作业作为学习的范本;四是著名建筑实例分析,选择了一些著名的案例,对其空间布局、流线组织等各个方面进行了分析,使学生能够形象地理解设计师的设计理念;另外还有建筑实录,收录了一些的建筑实例。

针对不同类型的建筑,本系列包括有:"幼儿园建筑设计"、"别墅建筑设计"、"客运站建筑设计"、"图书馆建筑设计"、"住宅建筑设计"等子题。

前 言

建筑设计课程的教学方式与其他理工类课程有所不同,它更注重教学过程中的体验性。通常是在实践性的设计过程中使学生掌握建筑设计的基本方法和规律。如何使学生将设计原则、设计功能与设计的创造性、艺术性有机地结合起来,是我们在教学过程中要面对的一个难点。幼儿园这类中小型建筑对于广大建筑设计者而言,解决好各方面的关系并不是太棘手的事情。但作为建筑学课程设计入门阶段的题目,怎样使刚刚接触建筑设计的学生把握好功能、环境、经济、使用对象等各方面关系,树立起建筑造型、空间等设计观念,却并不是轻而易举就能解决好的问题。在以往的教学实践中,我们也常常感觉到现在课堂上对基本设计原理、规范的讲授缺乏形象性和互动性。尽管近年来也采用了电脑、多媒体等先进的授课手段,但因为教材针对性和生动性不强,学生对知识的接受程度依然不能达到理想的效果。特别是对于低年级的学生,这个问题尤为突出,直接影响到教学质量和学生设计能力的快速提高。因此,我们对以往的教学过程进行了分析和总结,编写了这本电子教材,希望通过这种形式,能在建筑设计课程的教学中更有效地提高学生对建筑设计基本功能、原理的理解程度,激发学生对建筑设计课程的兴趣,充分发挥学生自主学习的能力。

本电子教材的编写与传统教科书的不同之处在于加入了更多的演示和查阅功能。教材中一方面将各种设计基本数据和相关规范、规定尽可能详细地罗列出来,使查询更加方便、快捷。另一方面,本电子教材将建筑设计原理同大量中外实例分析结合起来,使学生对原理知识更容易理解,并能初步了解、掌握如何把原理知识理论与建筑方案设计实践紧密结合起来。同时,这些实例也为教师在授课过程中提供了更多的教学素材,使课堂教学内容更加丰富、充实。第三方面,随着时代的发展和社会需求的增加,幼儿园建筑在规模、形式、设备、教学内容、管理方式等各个方面有了显著的改善和进步。我们在本教材的编著过程中，也针对幼儿园新的模式和要求相应的增加了新的内容，尽量使教材中讲述的设计原理内容与时俱进，更贴近时代的发展和社会的需求。

本电子教材在内容上分为四部分：第一部分为幼儿园建筑设计原理的讲述部分，主要通过文字与图示、实例照片相辅相成的模式，讲解了幼儿园建筑设计的基本原理和设计要点；第二部分是将幼儿园建筑设计相关的规范、规定、基本数据以及相关网络信息整理、罗列，方便学生在设计、学习过程中查找、了解；第三部分是对一些较典型的幼儿园建筑实例依据其各自特点从功能、布局、流线、立意、造型等多方面进行了分析和评述，以加深学生对幼儿园建筑设计原理的进一步理解；第四部分是幼儿园建筑实录，选择性地收录了中外一些不同风格、特色的幼儿园建筑实例，以供学生在设计过程中参考。

本电子教材编写的基础一方面是我们在教学实践中的体会和经验总结，有许多老师参与了本教材的编写工作，如我校的王飒、满红老师参与了实例分析部分的编著；东北大学的周森老师负责了全部多媒体的制作工作；我校建筑学2001级的部分同学参与了建筑实录部分的绘制工作。在此我对他们的辛勤劳动表示诚挚的感谢！另一方面在本电子教材的编写过程中，主要参考了刘宝仲、黎志涛、张宗尧、赵秀兰等几位前辈所编著的相关书籍。正是学习和借鉴了几位前辈丰富的经验和知识才使得本电子教材更加完善和系统。请允许我在此表示诚挚的感激和对他们的崇敬之情！最后还要感谢编辑陈桦女士在教材编写过程中给予的支持和帮助！

由于编者的水平和精力有限，文中难免有错误与遗漏之处，敬请广大读者和专业人士批评指正。

目 录

1 概述 · · · · · · 9
   1.1 幼儿园发展史略 · · · · · · 11
   1.2 幼儿园的定义、任务和设计要点 · · · · · · 14
   1.3 幼儿园的分类、规模与机构组织 · · · · · · 17

2 幼儿生理、心理及行为特点 · · · · · · 21
   2.1 幼儿生理发育的特点 · · · · · · 23
   2.2 幼儿心理发育的特点 · · · · · · 28

3 幼儿园的总体环境设计 · · · · · · 33
   3.1 幼儿园基地选择和面积要求 · · · · · · 35
   3.2 幼儿园总体环境的基本组成和设计原则 · · · · · · 38
   3.3 幼儿园的总体环境设计的具体内容 · · · · · · 40
   3.4 幼儿园总体环境设计实例分析 · · · · · · 72

4 幼儿园建筑平面组合设计 · · · · · · 75
   4.1 幼儿园建筑平面的组成及面积指标 · · · · · · 77
   4.2 幼儿园建筑平面组合的要求 · · · · · · 81
   4.3 幼儿园建筑平面的组合形式 · · · · · · 94
   4.4 幼儿生活活动单元设计 · · · · · · 102
   4.5 幼儿园建筑平面实例分析 · · · · · · 106

5 幼儿园建筑房间设计 ······ 113
- 5.1 幼儿生活用房设计要点 ······ 115
- 5.2 服务用房设计要点 ······ 133
- 5.3 供应用房设计要点 ······ 136
- 5.4 建筑构造和设备设计要求 ······ 140

6 幼儿园建筑造型设计 ······ 143
- 6.1 幼儿园建筑造型的特征及设计要求 ······ 145
- 6.2 幼儿园建筑造型的方法 ······ 147
- 6.3 幼儿园建筑造型实例分析 ······ 152

附录 ······ 157

主要参考文献 ······ 171

CAI 课件目录
第一部分 设计原理
第二部分 实例分析
第三部分 参考资料

1 概述

1.1 幼儿园发展史略

1.1.1 国外幼儿园的发展

幼儿园是最常见的小型公共建筑之一。但是相对其他建筑类型，幼儿园建筑并没有悠久的历史。虽然历史上曾有许多幼儿教育思想的先驱者竭力倡导婴幼儿的保健、教育，但是幼儿园成为一种被广泛接受和使用的社会设施还是随着近代产业革命的发展而实现的。产业革命促使成千上万的妇女从家庭走进了工厂，导致社会急需一种解决婴、幼儿收容及保育教育问题的机构和场所。于是首先是在英国，后来又在德、法等国相继出现了婴、幼儿的保育及教育性设施。

世界上第一个幼儿园是英国 18 世纪空想社会主义者罗伯特·欧文（Robert Owen，1771—1858 年）在苏格兰的新拉纳克创办的，当时称"幼儿学校"（Infant School）。随着资本主义的发展，学前教育机构逐步建立，学前教育理论得到了很大的发展。到 19 世纪后期，学前教育理论便以独立的学科在欧洲出现了。德国的教育家福禄培尔（Friedrich Frobel，1782—1852 年）于 1837 年在勃兰根堡开设学前教育机构，并于 1840 年正式命名为"幼稚园"（Kindergarten），因其设施的完善以及教育方法的独特很快风靡德国，并推广到全世界。时至今日，世界各国幼儿教育的各种设施基本都是福禄培尔幼稚园的沿袭，可见其深远的影响。此后，意大利医生蒙台梭利（Maria Montessori，1870—1957 年）开办幼儿学校，名为"儿童之家"。蒙台梭利的幼儿教育方法为欧洲各国和美国的许多幼儿园及小学采用。与英、法、德等老牌资本主义国家相比，世界其他国家如美国、日本等国幼儿教育及幼儿园建筑的发展都相对较晚。

早期的幼儿园建筑只是一个看管孩子的场所，生活内容简单，活动用房也十分简易，并无明显区别于他类建筑的特征。如1925年，沃尔特·格罗皮乌斯（Walter Gropius）设计的福禄培尔式幼儿园代表着最初幼儿园的建筑形式（图1-1、图1-2），从外观上看，它与一般的旅馆几乎相差无几。在"人本主义"思想的影响下，西欧一些国家逐渐开始把"幼儿为中心"

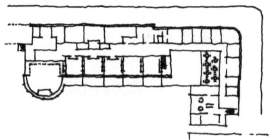

图1-1 福禄培尔式幼稚园平面(1925)

图1-2 福禄培尔式幼稚园外观(1925)

作为幼儿教育的基本点和出发点。提倡尊重儿童的个性，主张根据儿童的本性、天赋、能力、需要和愿望结合年龄特点，考虑教育内容，并采用直观的方法进行教学。随着幼儿教育和建筑思想的高度发展，各国幼儿园建筑在形式、功能、规模、空间等方面也不断地发展和完善。

1.1.2 我国幼儿园的发展

我国幼儿社会教育的思想产生于清朝末年。改良主义思想家康有为在《大同书》(1891年)中提出3～6岁的幼儿应入育婴院，并从总图布局、环境考虑、单体设计以及教育目的、方法、幼儿保健等各方面对育婴院作了较详尽的说明。这是我国早期对托幼机构较为完整的设想。清末由张之洞、张百熙、荣庆合制订的《奏定蒙养院章程及家庭教育法章程》中，包括了蒙养院章程和家庭教育法章程，规定各州、县、市建立蒙养院(亦称幼稚园)，并提出蒙养院房舍设计的具体要求。并于1903年开办了中国第一所公办的幼稚园——武昌模范小学蒙养院。同期在长沙、上海、南京、天津等地也都陆续创办了蒙养院。此后教育家蔡元培、陈鹤琴，人民教育家陶行知对我国学前教育理论的发展和实践都作出了巨大贡献。我国也相继产生了各种形式的早期幼儿教育机构。

新中国成立后，我国幼教事业的发展进入了一个崭新的阶段。幼儿教育事业受到党和政府的高度重视。托儿所、幼儿园的发展数量，远远超过了历史的水平。据统计，1988年全国有幼儿园171845所，比1946年增长131倍，在园幼儿有1800多万，比1946年增长140多倍。3～6周岁幼儿入园率近30%，到1992年在园幼儿已达2428万人，3～6岁城市幼儿入园率为31.5%。

在我国教育界，幼儿教育在很长一段时间内是沿用苏联的教育模式，20世纪50年代至80年代一直持续着"以教师为中心"，"以传授知识为主"，忽视个体差异及儿童发展需要的教育模式。经过若干年"教育职业道德"与"儿童观"的讨论，在20世纪90年代，幼儿教育的新观念才基本确立，即"倡导尊重儿童首先是尊重儿童身心发展的规律，承认个体差异，教育应促进儿童在原有水平上得到最充分的发挥"。1990版《幼儿园工作教程》明确规定了"体、智、德、美全面和谐发展"的目标，并提出"幼儿教育要遵循幼儿身心发展的规律，符合幼儿年龄特点，注重个人差异，因人施教，引导幼儿个性健康发展，创建与教育相适应的良好环境，为幼儿提供活动和表现的机会和条件"。注重活动的过程，促进每个幼儿在不同水平上的发展，以游戏为基本活动，寓教育于各项活动之中，幼儿园这些工作重点都表明幼儿教育从方针和观念上都已实现了转变，从"以教师为中心"转到"以幼儿为中心"，"以活动为主"，注重个性的培养。

近年来我国幼教事业的发展，教育模式的改革，都大大促进了幼儿园建筑模式在环境、功能、造型、设施及空间塑造等各方面进一步发展、完善。针对幼儿生活空间环境进行有目的、有计划的创设，使幼儿园建筑不仅更加符合幼儿身心成长的特点，以满足幼儿身心发展的特殊需要，而且使之具有独特的个性和风格，体现本民族的民风民俗、文化传统、生活习惯、地域特征等，以便更有利于幼儿的生长发育和满足各项活动的开展，使幼儿在充满童趣的、美好的、童话般的世界里幸福快乐地成长。

1.2　幼儿园的定义、任务和设计要点

1.2.1　幼儿园的定义

幼儿园是3~6岁的幼儿学习、生活、娱乐及保教的场所，是根据幼儿生理、心理发展的客观规律及其年龄特征，对幼儿进行德、智、体、美、劳全面发展的教育，促进幼儿身心同步健康发展的教育机构。

1.2.2　幼儿园的任务

儿童身心的健康发展是造就人一生的基础，对幼儿的科学教养是提高中华民族素质的必要条件。而幼儿园正是科学育儿的场所，幼儿园的任务就是对3~6岁幼儿实施保育与全面发展的教育，为幼儿提供一个卫生、安全、适宜的环境，使幼儿身心得到和谐的发展，从而具有健康的精神，强健和充满活力的身体。

1) 遵循幼儿身心发展规律，创造多种多样的活动条件，促进幼儿在体、智、德、美等诸方面健康、活泼地成长。

- 体育：

（1）保证幼儿必需的营养，做好卫生保健工作，培养幼儿良好的生活卫生习惯和独立生活的能力，促进幼儿身体正常发育和机能的协调发展；

（2）培养幼儿对体育活动的兴趣，提高机体的功能，增强体质，以保护和促进幼儿的健康，并在体育活动中，培养幼儿坚强、勇敢、不怕困难的意志品质和主动、乐观、合作的态度。

- 智育：

（1）发展幼儿正确运用感官和语言进行交往的基本能力，培养和提高幼儿的注意力、观察力、记忆力、思维力、想像力及语言的表达能力；

（2）提高幼儿对学习的兴趣，培养幼儿求知欲望和养成良好的学习习惯。

- 德育：

（1）向幼儿初步进行爱祖国，爱人民，爱劳动，爱科学，爱护公共财物的五爱教育；

（2）培养幼儿团结、友爱、诚实、勇敢、不怕困难、讲礼貌、守纪律等优良品德文明行为和活泼开朗的性格。

- 美育：教授幼儿音乐、舞蹈、美术、文学等方面的粗浅知识和技能，培养幼儿对它们的兴趣，初步萌发他们对生活、自然、文学、艺术中美的感受力、表现力和创造力。

2) 培养幼儿的独立性、创造力、自信心和不断探索的精神，从而促进幼儿良好个性的形成和充分发展，提高幼儿的审美能力和艺术表现、创造能力，而且在活动中有利于他们合作、分享、交往力等方面的发展，为今后成为具备适应未来发展知识结构和智能潜力的优秀人材奠定基础。

1.2.3 幼儿园的设计要点

1) 幼儿园由于其服务对象的生理、心理特征以及保教活动的独特方式，决定了幼儿园建筑必须满足幼儿的特殊使用要求：

- 应满足幼儿的生理需求，符合幼儿尺度特点，从环境设计、建筑造型到窗台、踏步等构造细节方面都要考虑到这些都是以幼儿为使用对象，并应反映幼儿园建筑的特点。
- 应满足幼儿心理的需求，能充分表达"童心"的特点，并激发幼儿对周围事物的好奇心和认识的兴趣，促进幼儿个性和情感的良好发展。

总之，在幼儿园设计中，应根据幼儿的生理、心理特征和保育功能进行合理化设计，确实满足幼儿娱乐、学习、生活等各方面的需要，把幼儿园的德、智、体、美、劳各项教育目标落到实处。

2) 幼儿园建筑设计应适合幼儿生活规律的要求：

- 3～6岁幼儿的睡眠时间比婴儿时期大为缩短，动态活动时间逐渐增加，游戏成为幼儿活动的主旋律，因此在幼儿园设计中要保证足够面积的室内外游戏场地和环境良好的活动空间。
- 幼儿室外活动和游戏时间全日制幼儿园每日不得少于2h，寄宿制幼儿园每日不得少于3h，因此必须把室外活动场地作为幼儿园建筑设计的重要组成部分，《幼儿园管理条例》中规定幼儿园应有与其规模相适应的户外活动场地，配备必要的游戏和体育活动设施，并创造条件开辟沙地、动物饲养角和种植园地。

- 由于对幼儿需特别注重幼儿生理的特点，如幼儿使用卫生间的频率要比成人高，因此必须精心做好幼儿生活活动单元的设计。
- 为使幼儿掌握粗浅的知识和简单生活技能，幼儿园要安排少量的上课时间（每节课约 20~25min），因此应创造舒适、良好的教学活动环境。

3）幼儿园建筑设计应创造良好的卫生、防疫环境：

- 幼儿园建筑设计应满足绿化、美化、净化、儿童化的要求。
- 选址、总图设计时必须将幼儿园设置在安全区域内，严禁在污染区和危险区内设置幼儿园。
- 在建筑设计中应满足日照、通风的要求以及班级之间的卫生距离。

4）幼儿园建筑设计应满足保障幼儿安全的要求：

幼儿身体各部分机能的发育尚未成熟，动作还不十分协调，防护意识差，同时好奇心强烈，又容易忽视对周围的注意，很容易导致安全事故的发生，因此在幼儿园建筑设计中，要特别注意幼儿的安全问题。

5）幼儿园建筑设计应有利于保教人员的管理：

- 幼儿身心都处在成长发育中，智力、体力发育尚未成熟，还不能完全独立生活，不能自觉管理自己，这就需要保教人员加强护理与教育工作，幼儿园建筑设计则要密切配合幼儿教育的要求，方便办公，利于管理。
- 随着时代和科技的发展，幼儿园的管理模式、方法、手段都有了突破性的进展，幼儿园建筑设计应注意与时俱进，符合现代化教育管理模式的需要。

1.3 幼儿园的分类、规模与机构组织

1.3.1 幼儿园的分类

幼儿园机构的类型，根据受托的时间、建筑方式、教育办学特点等方面有以下类型：

1) 按受托方式分

- 整日制幼儿园：整日制或称日托是指幼儿白天在幼儿园内生活8~10h，傍晚由家长接回家。这种类型幼儿园的特点是建筑面积和设备都较经济，管理简便，人员编制较少。家长将孩子接回家中后，直接受到父母的爱护，有益于增加父母与子女之间的感情，使幼儿能更多地接触家庭和社会的熏陶，接触面广泛，有利于幼儿开阔视野和提高智力，对幼儿的发展是十分有利的。因此，这种类型是目前我国幼儿园机构的主要形式。

- 寄宿制幼儿园：寄宿制或称全托是指幼儿昼夜都生活在幼儿园内，每隔半周、一周及节假日由家长接回家团聚。这种幼儿园在建筑面积，设备和管理上都要偏大偏难，同时，幼儿与亲人相聚时间短暂，缺少亲情呵护，接触面窄，生活单调。据有关调查资料反映，寄宿制幼儿园内的儿童容易形成孤僻的性格，对问题反应迟钝。因寄宿制幼儿园的缺陷，在目前情况下该类型幼儿园数量不多。

- 混合制幼儿园：即以整日制班为主含若干寄宿制班。

2) 按建筑方式分

- 在单独地段设置的独立幼儿园：这种幼儿园有与外界分隔的单独地段，不易受到外来的干扰，便于管理和有利于建筑功能分区，能保障幼儿园内有一定的活动场地和种植园地。无论建筑本身集中或分散，都不受其他建筑的制约，是一般新建幼儿园的主要形式。

- 附属于其他建筑物的幼儿园：这种幼儿园只适于一些规模较小（3个班以下）的幼儿园，但要注意应给幼儿划分一定的室外活动场地，单独设立出入口以避免与其他建筑之间的相互干扰，并要保障幼儿的安全和卫生防疫。当幼儿园规模在4个班以上时不应选用该类型。

● 利用旧有建筑改造的幼儿园：利用旧房改建为幼儿园主要是在旧城区中人口密度较高，用地紧张或资金较不足时常采用的一种形式。大多利用民宅、小别墅、办公楼等建筑，在内部及外部空间上加以改造，成为适宜幼儿园建筑的环境。这种类型对节约用地，减少投资，资源的再利用以及旧城和文化传统环境的保护上都有一定的作用。

此外，幼儿园的类型还可按办学渠道及管理机构不同划分为基金会幼儿园，政府办幼儿园，机关幼儿园，企事业单位办幼儿园，团体或个人办的私立幼儿园等；按教学特点不同划分为普通幼儿园，专门化幼儿园（近年来兴起的一种新型幼儿园，以发挥幼儿的某一方面特长为主进行教育，如美术幼儿园、音乐幼儿园、幼儿体校）。各国情况千差万别，分类也较为庞杂，在此不一一详述。

1.3.2 幼儿园的规模

1）幼儿园规模的分类

幼儿园规模及每班的容纳人数（班容量）是根据幼儿年龄的差异而反映出其生活自理能力的不同及保教人员的工作量决定的。幼儿园规模一般按3、6、9、12等3的倍数确定其班级数，这样可使幼儿园大、中、小班都有，有利于总结、交流教学经验，适应不同年龄幼儿特点，提高教学质量。幼儿园的规模可划分下列三类：

大型幼儿园——10个班以上；

中型幼儿园——6~9个班；

小型幼儿园——5个班以下。

2）幼儿园规模大小的确定

班数多少是幼儿园规模的大小的标志。幼儿园规模以有利于幼儿身心健康，便于管理为原则，通常以6~9班（即中型幼儿园）为宜。幼儿园规模过小会使设施利用率低，管理人员潜力难于充分发挥，经济性较差，因班级数量少也不利于幼儿园开展教研活动。但小型幼儿园也有其建设快、布点多、方便管理、利于接送幼儿的优点。幼儿园规模过大易造成管理上不方便，幼儿人数过多也会影响教育质量，同时幼儿发病率高，有疾病难于控制。所以一般仅有中心幼儿园，较大的寄宿制幼儿园及大企业单位幼儿园采用该规模。但由于社会需求不断地增加，随着卫生免疫的普及、管理水平的提高、现代化设备设施的更新，现在也出现了不少大型甚至超大型整日制幼儿园（18班），也能达到比较良好的教学效果。

确定幼儿园规模的大小除上述原因外，还受幼儿园机构所在地区居民多少和均匀合理的服务半径以及公办或民办等因素影响。

1.3.3 幼儿园的机构组织

1）分班和班容量

为了适应不同年龄幼儿的生活特点，方便管理，因材施教，应把幼儿分成若干班。关于幼儿园的分班与年龄结构，因各国国情、教育制度不同，规定也不尽相同。

- 我国《幼儿园工作规程》第十一条规定，"幼儿园每班幼儿人数一般为：小班（3至4周岁）25人，中班（4至5周岁）30人，大班（5周岁至6或7周岁）35人，混合班30人，学前幼儿班不超过40人。寄宿制幼儿园每班幼儿人数酌减。幼儿园可按年龄分别编班，也可混合编班。"

- 《托儿所、幼儿园建筑设计规范》（JGJ 39—87）第1.0.3条规定，"幼儿园每班人数：小班20～25人，中班26～30人，大班31～35人。"

- 各地幼儿园实际班容量也可按需要，适当增减各班人数。从保证教学质量看，人数取下限较为适宜。

2）幼儿园工作人员编制

- 我国《幼儿园工作规程》第三十四条规定，"幼儿园按照编制标准设园长、副园长、教师、保育员、医务人员、事务人员、炊事员和其他工作人员。"

- 幼儿园各类工作人员编制之比为：

(1) 3个班以上的设园长1人，行政助理1人；

(2) 6个班以上的设正副园长各1人，行政助理1人；

(3) 全日制幼儿园各班设教养员2人，保育员1人；

(4) 寄宿制幼儿园各班设教养员2人，保育员2人，夜班保育员、洗衣员及隔离室人员数人；

(5) 炊事员按 40 名幼儿(1 日 3 餐 1 点)设炊事员 1 人；

(6) 寄宿制幼儿园幼儿超过 100 名，设专职医师 1 人，护士或保健员 1 人。整日制幼儿园，幼儿超过 100 名，设护士或保健员 1 人；幼儿在 100 名以下，设兼职护士或保健员 1 人；

(7) 此外，可根据幼儿园规模的大小，设专职或兼职财会人员及其他工作人员。

2 幼儿生理、心理及行为特点

不同类别的建筑,因其服务对象的不同,相互间存在着较大的区别。所以在做建筑设计之前,应先了解建筑服务对象的生理和心理特点、需求及行为特征规律,作为必要的设计依据和前提条件。幼儿园建筑主要服务于3~6岁的幼儿,这个时期的幼儿生理、心理发育和行为都处于人类最初的发展阶段,对建筑的需求和感受都与成人有很大差别。幼儿这些方面的特点是设计幼儿园的主要考虑因素。故而,了解幼儿生理、心理、行为特点对幼儿园建筑设计是必不可少的过程。这对适应幼儿发展规律,在建筑中合理的提供设备、设施以及创造良好的建筑空间、环境等方面都具有重要意义。

2.1 幼儿生理发育的特点

根据保加利亚心理学家培里奥夫教授的建议,人为地将童年分为五个时期:

1) 新生期(0~2个月);
2) 乳儿期(2~14个月);
3) 童年早期(14~36个月);
4) 学前期(3~6岁);
5) 学龄期。

当然上述各期并非截然的分开,而是连续不间断的。儿童的成长与成年人相比速度是非常快的,年龄越小,年龄特征的变化越迅速。1周岁以内儿童的身心变化是以月龄计算的。3岁以内儿童的发展变化是以半年计算的。3~6岁学前期的幼儿变化特征则是以一年计算的。

2.1.1 幼儿的身体机能特点及需求

1) 幼儿的身体各部分组织、器官发育迅速,尤其是心脏的发育:

- 儿童到3岁时,一般大肌肉已有较大发展,由于大肌肉的发展,幼儿可做各种动作,不知疲倦,要他坐着不动反而困难,所以这时禁止幼儿活动是不行的,应该给他们提供足够多的活动空间。
- 5~7岁的幼儿小肌肉也已开始发展,可以通过塑造、编织、绘画等活动来适当加以锻炼,但不宜太多,以免损伤神经。
- 幼儿到7岁时,心脏的重量已增至初生时的4~5倍,但还远不及成人(成人心脏是初生时的13倍),脉搏跳动也从3岁多的100次/分,继续下降到80~90次/分,亦未达到成年人的水平(成人每分钟72次),因此不应让幼儿做过分剧烈的活动,以免过分加重心脏的负担。

2) 幼儿肌体新陈代谢旺盛,对外界环境要求较高:

- 由于幼儿身体的发育较为迅速,故而其肌体新陈代谢旺盛,消耗较多,需要足够的营养、充足的睡眠、新鲜的空气及适当的阳光。

- 由于幼儿鼻腔、咽、喉都相对狭小，肺部弹力差，胸腔狭小，肋骨是水平的，这就限制了胸部的活动，因此，幼儿每公斤体重每分钟的呼吸量大于成人，故年龄越小，越需要洁净的新鲜空气，应该注意多在户外活动，室内空气也要畅通。

- 儿童消化系统机能差，胃容量小，胃液中的酸和酶都比成人少，一餐食物在胃里停留时间一般为3~4h，所以两餐相隔时间不得少于3h，不超过4h，否则会影响进食量和消化吸收。

- 由于幼儿的皮肤、黏膜、淋巴组织等屏障作用不足，容易感染，因此必须做好卫生保健和疾病的预防。

2.1.2 幼儿的生活作息规律

科学的护理幼儿，需要制定科学的生活制度。幼儿一日生活中各项活动和休息的时间和顺序，应该很有规律和节奏（表2-1、表2-2）。幼儿的生活作息，由于生理特点的原因，主要表现在睡眠和饮食等方面的不同。

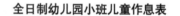

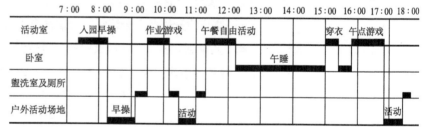

注：表2-1、表2-2摘自《建筑设计资料集》（第二版）第3集（托儿所、幼儿园），中国建筑工业出版社。

由表2-1及表2-2可以总结出幼儿在幼儿园每天活动规律形成一个基本的儿童活动单元，所以在建筑上活动室、寝室、盥洗室、厕所和户外活动场地之间应有很好的关系构成一组房间，即通常建筑中所说的"幼儿生活活动单元"。

2.1.3 幼儿人体尺度

身体尺寸直接影响建筑空间的大小和使用情况，它是确定建筑设计各构件尺寸和家具陈设的主要依据。因此，了解幼儿的人体尺度对幼儿园建筑设计是十分必要的。

1）幼儿的身高、体重

随着城乡人民生活水平的提高及优生优育政策的普及，我国儿童身高、体重增长情况普遍良好，和世界发达国家少年儿童发育成长情况也是一致的。

表2-3为1985年《中国九省七岁以下儿童体格发育调查研究资料》中统计的我国九城市城区七岁以下儿童身体发育体重、身高情况。一般来讲，男孩较女孩高些、重些，城市儿童较农村儿童高些、重些，北方儿童较南方儿童高些、重些。由于生活条件和教育条件的不同，同年龄儿童在身体发育上可能有一定差异。传统的幼儿园中家具及设备的设计一般以平均值为准，但这样常常使身材矮小的幼儿使用起来感到困难。正确的设计方法应使矮小的幼儿方便使用，高大些的幼儿也能适应。

2）幼儿的身躯比例

儿童生长发育的速度及身体各部分发育的程度，各年龄阶段都是不同的。幼小的儿童头大，躯干长，腿短，显得头重脚轻。以后的发展是脚长得比较快，到满7岁时达到未来身高的44.5%，身体各部分已经开始接近成人的比例。1986年哈尔滨医科大学公共卫生学院儿童、少年卫生学教研室对学龄前儿童人体进行测量及大量研究，取得了儿童人体测量资料（表2-4），从中可以明显地看到年龄及其增长的关系。

由于人体生长的方式是由头部而下，故上身比下身先得到充分的发展。脸部也是一样，脸的上半部先完成，前额凸出，下颚缩入，整个人看起来,有上重下轻之感。因为重心不稳,故此期幼儿所需的动作空间较大,活动用室应宽敞,方能符合幼儿生理要求。

城市七岁以下儿童身体发育情况　　表2-3

年　龄	男				女			
	体重(kg)		身高(cm)		体重(kg)		身高(cm)	
	平均值	标准差	平均值	标准差	平均值	标准差	平均值	标准差
1月以下	3.21	0.37	50.2	1.7	3.12	0.34	49.6	1.6
1月	4.90	0.61	56.5	2.3	4.60	0.56	55.6	2.2
2月	6.02	0.73	60.1	2.4	5.64	0.66	58.8	2.3
3月	6.74	0.77	62.1	2.4	6.22	0.70	61.1	2.1
4月	7.36	0.80	64.5	2.4	6.78	0.75	63.1	2.3
5月	7.79	0.83	66.3	2.3	7.24	0.79	64.8	2.2
6月	8.39	0.94	68.6	2.6	7.78	0.89	67.0	2.5
8月	9.00	0.98	71.3	2.6	8.36	0.93	69.7	2.5
10月	9.44	1.04	73.8	2.7	8.80	0.97	72.3	2.6
12月	9.87	1.04	76.5	2.8	9.24	1.03	75.1	2.7
15月	10.38	1.12	79.2	2.9	9.78	1.05	77.9	3.0
18月	10.38	1.14	81.6	3.2	10.33	1.09	80.4	3.0
21月	11.42	1.23	84.4	3.2	10.87	1.15	83.1	3.1
2岁	12.24	1.23	87.9	3.5	11.66	1.21	86.6	3.5
2.5岁	13.13	1.34	91.7	3.7	12.55	1.32	90.3	3.6
3岁	13.95	1.51	95.1	3.7	13.44	1.42	94.2	3.7
3.5岁	14.75	1.58	98.5	3.9	14.26	1.47	97.3	3.8
4岁	15.61	1.75	102.1	4.2	15.21	1.74	101.2	4.1
4.5岁	16.49	1.84	105.3	4.3	16.12	1.84	104.5	4.2
5岁	17.39	2.05	108.6	4.5	16.79	1.82	107.6	4.2
5.5岁	18.30	2.13	111.6	4.5	17.72	2.17	110.8	4.6
6~7岁	19.81	2.56	116.2	4.9	19.08	2.42	115.1	4.9

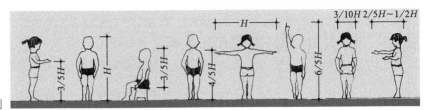

图 2—1 幼儿的身躯比例

儿童人体测量资料(男性均数)(cm)　　　　表 2—4

测量部位	年龄 \ 测量人数(人)						
	7岁±\106	6岁±\120	5岁±\119	4岁±\118	3岁±\115	2岁±\114	1岁±\43
身高	118.5	114.8	108.6	101.0	93.9	85.9	78.2
单臂功能上举高	136.4	131.8	123.5	115.0	106.0	97.3	——
肩高	92.6	89.6	84.2	77.8	71.5	65.2	59.0
肘高	72.1	69.5	65.6	59.7	55.0	50.8	45.2
最大肩宽	27.2	26.5	25.8	24.0	23.1	21.6	20.4
最大体宽	28.9	28.6	28.0	27.8	26.8	25.0	24.3
坐高	65.2	63.6	61.3	58.4	55.2	52.1	49.3
坐姿肩胛下角点高	30.4	29.5	28.1	26.9	25.3	23.9	——
坐姿肘高	18.4	18.1	17.5	17.2	16.5	15.6	——
前臂加手前伸长	30.3	29.6	28.1	26.1	24.5	22.8	——
膝高	35.7	34.5	32.2	30.0	27.3	24.0	20.6
腓骨点高	29.2	27.9	26.1	23.8	21.3	18.5	16.1
臀围长	30.3	29.0	27.7	24.5	22.8	20.2	17.8
坐姿臀宽	21.9	21.2	21.3	19.9	19.4	17.4	16.0

注：1. 7岁±系7整岁±6个月，其他年龄亦同；
　　2. 本表摘自《中国预防医学》1989年第23卷第4期《学前儿童家具，设备卫生标准的研究》。

总之，幼儿园建筑设计应以幼儿生理特点为依据，为幼儿提供安全、卫生、科学的物质环境。环境应安静、整洁、优美；室内光线充足、通风良好、空气新鲜；家具、设备的高矮适合幼儿的身材；盥洗室保持清洁卫生。保证幼儿有充足的户外体育活动的时间、场地及丰富、安全的运动器材，允许幼儿自由地选择活动器材进行活动，充分满足幼儿身体活动的需要及不同的兴趣爱好。

2.2 幼儿心理发育的特点

近年来,人们逐渐认识到新生儿已经具备一定的心理活动,学前儿童具体形象思维更是迅速发展,抽象思维也已经开始萌芽,主要表现在感知力、注意力以及记忆力等方面的发展。

2.2.1 幼儿感知能力的特点

1) 幼儿对颜色的感知能力

● 幼儿的辨色能力随年龄的增长有所加强:

(1) 3岁时只能区分几种基本色,即红、黄、蓝、绿等,对混合色就不能有很好的区分;

(2) 4岁以后逐步能区分各种不同色调,明度和饱和度的颜色,并逐步掌握这些颜色的名称。

● 幼儿一般喜欢较明快的颜色,对黑、灰等明度较小的颜色不感兴趣,所以,幼儿园的色彩设计应以明快的色调为主,但又切忌使用大面积的大红、大绿等饱和度太高的颜色,以免对幼儿视觉造成刺激,时间长了易产生不快感。表2-5为4~7岁幼儿认识颜色的能力。

4~7岁幼儿认识颜色的能力　　表2-5

年龄(岁)	测查人数(人)	正确对颜色命名的人数(%)					
		红	黄	绿	蓝	黑	白
4	490	90.6	71.2	69.6	50.3	93.3	93.3
4.5	422	95.3	77.9	77.5	51.0	96.4	95.9
5	477	97.7	89.3	85.9	72.7	97.9	98.1
5.5	458	98.9	93.2	90.2	81.5	99.3	99.3
6	463	99.6	95.0	93.1	84.7	99.7	99.5
6.5	232	99.7	97.1	97.5	89.4	100	100
7	99	100	100	98.9	95.9	100	100
合计	2691						

2）幼儿对空间和方位的感知能力

- 空间知觉是一种比较复杂的知觉，是由视觉、听觉、运动觉等多种分析器官的联合活动来实现的，只有当幼儿有能力用手或身体去接近物体，产生运动觉和视觉配合的时候，才有关于事物大、小、远、近、方位、形状等空间关系的知觉。
- 学前儿童的空间感觉有一定的发展，但只限以自身为中心的有限空间，至于地图空间或空间透视关系等具有较大抽象性的空间，学前期还较难掌握。
- 3岁的幼儿仅能辨别上下，4岁能辨别前后，5~6岁能以自身为中心辨别左右，在以对方为中心判断左右时仍困难，辨别左右方位的相对性要到7~8岁才能掌握。

3）幼儿对形状的感知能力

幼儿期的形状知觉发展得十分迅速。小班时一般仅可辨别圆形、方形和三角形；中班时则能把两个三角形拼成一个大三角形，把两个半圆形拼成一个圆形；大班时即能认识椭圆形、菱形、三角形、六角形和圆柱体等多种几何形状，并且能把正方形纸片对折成三角形，把长方形折成正方形等。表2-6为4~7岁儿童认识三种图形能力的比较。

4~7岁儿童认识三种图形能力的比较　　　　表2-6

年龄(岁)	测查人数(人)	完成认图人数(%)		
		圆形	正方形	三角形
4	500	88.8	82.8	79.3
4.5	431	96.3	92.3	92.6
5	515	98.4	97.7	95.6
5.5	484	99.0	98.3	98.1
6	475	99.8	99.4	98.5
6.5~7	383	100	100	100
合计	2793			

4) 幼儿对时间的感知能力
- 对幼儿来说时间是很抽象的概念,幼儿园应利用日常生活逐渐培养幼儿的时间概念。
- 幼儿2岁时有"现在"的概念;2岁半了解"未来";3岁后能了解"过去";4岁了解上午、下午;5岁知道星期几。

2.2.2 幼儿记忆力与注意力的特点

1) 幼儿记忆力的特征
- 幼儿年龄越大,记忆的时间越长久。
- 凡是能引起幼儿情绪的事物,如欢喜、惧怕等记忆均特别的深刻。
- 幼儿对具体性的事物较易记住,而对抽象的事物记忆较为困难。
- 幼儿对在游戏中学习的知识较"灌输式"的教学记忆容易、深刻。

表2-7为儿童在不同条件下识记5个词的平均数。

儿童在不同条件下识记5个词的平均数　　　表2-7

年龄(岁)	实验室条件下(个)	游戏条件下(个)
3~4	0.6	1.0
4~5	1.5	3.0
5~6	2.0	3.3
6~7	2.3	3.8

2) 对幼儿的注意力培养
- 注意力因每个孩子天生气质的不同,个体间有很大的个别差异。
- 注意力是记忆的第一道关卡,注意力是否集中,会直接影响幼儿的学习效率。
- 注意力的高低与被注意的人、事、物是否能引导起幼儿的兴趣有很大关系。所以选择幼儿感兴趣的空间、材料、设备来训练幼儿从小集中注意力是十分必要的。

2.2.3 幼儿想像力与好奇心的特点

1) 富于幻想是幼儿的一大特点

- 3岁以内幼儿的想像多以模仿为主，还没有形成自由的想像。
- 3~8岁，幼儿想像的自创性大为发展，对童话故事、神话均信以为真。
- 4~5岁的幼儿幻想力尤其活跃，经常自笑自谈，仿佛有伴在旁，有时好像将现实与幻想都混在一起。

所以幼儿园的空间、环境、家具及设备都应能为满足幼儿发挥想像力创造良好的条件，以培养幼儿的创造性，提高幼儿的智力水平。

2) 幼儿期是个被好奇心充塞，推动的时期

- 这个世界的人、事、物对幼儿来说都是崭新的，他们热衷于探索，会有层出不穷的问题，永远无法满足他们的好奇心。
- 幼儿活动空间环境如果布置得当，根据他们好奇的天性经常有创意性的更新，幼儿会更觉得如鱼得水般的愉快。

2.2.4 幼儿的行为特征

1) 幼儿的动作发展

- 幼儿自会走以后，其他能力也相继出现，如跑、跳、平衡等。此时期的孩子精力充沛、好动、蹦蹦跳跳不知疲倦。
- 3岁的幼儿在动作的自制方面已大为进步，两脚敏捷，步行时躯干挺直，两臂外展，两足交替伸出，上下阶梯自如，跑、跳、骑车等活动也都能灵活完成。
- 4岁时幼儿跑跳更稳健，能一足站立均5秒，会投球、接球、攀高、跳绳，对有节拍的游戏较熟练，能使用剪刀。
- 5岁的幼儿对人的基本动作大致都已经学会了，身体运用也更加灵活，爬树、翻筋斗、投球、直线走路、单脚跳都不成问题。
- 6岁时幼儿更增加了其动作的速度及正确性，喜欢模仿别人的动作行为，会和着拍子歌舞，游戏范围更加扩大。

2) 幼儿的社会行为

到了幼儿期，社会行为有显著的发展。特别是与同龄幼儿之间的关系，他们有需要同伴的渴望。通常幼儿此时对成人兴趣渐渐减低，而且有反抗、想独立的行为表现。幼儿园应能提供促进幼儿互相接触交往的场地与设备，使幼儿与人相处的能力不知不觉地增进，逐渐地学会分享、轮流、等待、忍让等社会生活的技巧。

3 幼儿园的总体环境设计

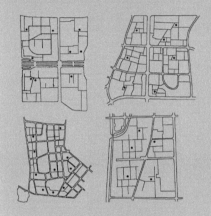

　　幼儿园的总体环境设计是对幼儿园进行合理的基地选择、总平面功能布局及园区内的环境景观设计,力求做到布局合理、安全卫生、使用舒适、环境优美。

3.1 幼儿园基地选择和面积要求

3.1.1 幼儿园基地选择的要求

1）4个班以上的幼儿园应有独立的建筑基地，幼儿园的规模在3个班以下时，也可设于居住建筑物的底层，但应有独立的出入口和相应的室外游戏场地及安全防护设施。

2）幼儿园建筑基地应远离各种污染源，并满足有关卫生防护标准的要求：

- 幼儿园基地应避开能散发各种有害、有毒、有刺激性气体及各种烟尘，污水的地段。
- 幼儿园基地应有一个良好的安静环境，必须远离噪声源，如铁路线、主要交通干道以及人流密集、喧闹的公共活动区等。
- 幼儿园基地应满足相关规范规定的有关卫生及利于防疫的要求。
- 幼儿园基地应选择有利于幼儿身心健康的邻里，宜与文化、教育建筑及小区内公共服务建筑毗连或邻近。

3）幼儿园基地应方便家长接送，避免交通干扰：

- 对于面向全市性的幼儿园应考虑交通方便，以有利于家长乘车接送幼儿。
- 对于设在居住区内的幼儿园应考虑合适的服务半径，一般应小于300m。
- 与邻近托儿所、幼儿园距离以2km为宜。

4）幼儿园基地应日照充足，场地干燥，排水通畅，环境优美或接近城市绿化地带：

- 阳光和空气对于幼儿来说是促其成长的极重要因素。因此，幼儿园应保证基地开阔，有足够的日照和良好的通风条件，应避免处于高层建筑的缝隙之中，或处于其他建筑的阴影区内。
- 幼儿园基地不应处在低凹处，以免下雨因排水不畅而影响正常使用。

- 宜接近城镇、小区、工矿居住区的绿化地段，为幼儿园提供优美良好的景观、空间环境，并有利于借助这些条件和设施开展儿童的室外活动。

5) 应保证幼儿园建筑基地地段安全：

- 幼儿园宜设在能避免接送幼儿跨越车道的单独地段上。
- 幼儿园应远离火灾危险大的建筑物，远离易燃、可燃液体、气体贮罐，易燃、可燃材料堆场，易爆锅炉房等。
- 幼儿园应与变电站有安全隔离，基地内不得有高压线路通过。
- 幼儿园基地内地势应平坦，避免较大起伏，地形尽量规整。

总之，在进行幼儿园基地选择时，必须通过调查研究，对选址所在地区的总体规划要求、道路交通、周围环境、地形地势、幼儿来源、收托方式、市政工程等作详细的了解，因地制宜地统筹安排。

图3-1所示为国内居住区中幼儿园位置实例。

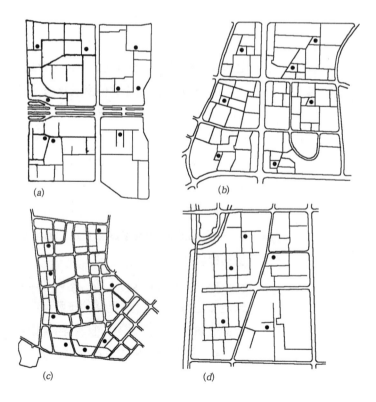

图3-1 国内居住区中幼儿园位置实例
（a）北京五路居居住区；（b）上海曲阳新村居住区；（c）辽阳石化总公司居住区；（d）太原胜利桥居住区
注：该图引自黎志涛《托儿所、幼儿园建筑设计》，东南大学出版社。

3.1.2 幼儿园基地的面积要求

1) 用地定额确定的依据和原则:

- 从幼儿的生理、心理、行为特点出发,保证幼儿学习生活和保教工作的基本需要,包括满足基本建筑功能需要的面积和足够的室外活动场地和绿化面积。
- 从实际经济水平出发,在满足功能、空间、环境要求的前提下,节约用地,提高面积使用率。
- 为幼儿园的发展留有余地,在设计中增强幼儿园发展的可持续性。
- 以定额的实用性为依据,同时进行个体设计也要考虑使用中的灵活性和多样性。

2) 幼儿园基地应能为建筑功能分区,出入口,室外游戏场地的布置提供必要条件:

- 基地面积应满足规范、定额要求的总用地面积,也应有足够的室外活动场地及绿化面积。表3-1为居住区千人指标及面积定额;表3-2为城市幼儿园用地面积定额。
- 幼儿园的用地面积包括建筑占地、室外游戏场地、绿化及道路用地等。
- 基地覆盖率不宜超过30%,有条件的幼儿园应尽量扩大绿化面积。

居住区千人指标及面积定额　　　　表3-1

名称	千人指标(人)	用地面积(m²/人)	建筑面积(m²/人)
幼儿园	12~15	15~20	9~12

注:引自《建筑设计资料集》(第二版)第3集,中国建筑工业出版社。

城市幼儿园用地面积定额　　　　表3-2

规模	用地面积(m²)	用地面积定额(m²/人)
6班	2700	15
9班	3780	14
12班	4680	13

注:引自国家教育委员会、建设部1988年颁发《城市幼儿园建筑面积定额(试行)》。

3.2 幼儿园总体环境的基本组成和设计原则

总体环境设计是幼儿园能否满足各方面要求的首要的问题，需要根据幼儿园的规模大小、功能要求、自然条件、周围环境、地段现状、经济条件等因素，合理地组织各组成部分，使之构成一个完整而有机的室内外统一体，为幼儿创造安全、合理、优美、舒适的物质和精神环境。

3.2.1 幼儿园总体环境的基本组成

幼儿园总体环境包括两大基本组成部分。

1）物质环境

包括为幼儿提供学习、活动、游戏、交往的空间及场所，如活动室、活动游戏场地及设施等，是促进幼儿身心全面发育的最基本保障。

2）精神环境

主要是幼儿交往、活动所需的软质环境，主要的要素是阳光、空气、隔声、绿化、美化设施及符合幼儿审美情趣，令其身心轻松愉快的空间气氛等。

3.2.2 幼儿园总体环境的设计原则

1）满足使用要求、功能分区合理

- 幼儿园应根据设计任务书的要求对建筑物、室外游戏场地、绿化用地及杂物院等各种功能区域进行总体布置。
- 应做到功能分区合理、方便管理、有利于交通疏散、朝向适宜、日照充足，创造符合幼儿生理，心理特点的环境空间。

2）各种流线组织应明确清晰、互不干扰

- 在总平面设计时，应合理布置基地出入口位置、数量，组织好幼儿活动流线，使其与外来办公、辅助供应、垃圾处理等流线严格分开，并且相互间应有隔离措施。
- 合理安排园内道路，道路设置与总平面中各组成部分紧密关联，设计中应能将幼儿园基地合理地划分成几个互有联系的部分,并注意节约用地的要求,道路尽量少占用地面积。

3)尽量扩大绿化用地范围

- 为创造一个优美的环境和改善小气候,幼儿园所有空地都应加以绿化。
- 为便于幼儿在活动中直观地认识自然界,幼儿园宜有集中绿化用地面积。
- 严禁种植有毒、带刺的植物。

3.3 幼儿园的总体环境设计的具体内容

幼儿园总体环境设计的具体内容包括：功能分区、出入口的设置、建筑物的布置、室外活动场地的布置、绿化与道路的布置、杂务院的布置等。

3.3.1 功能分区

在幼儿园总体环境设计时首先要进行功能分区，即将用地根据各部分使用功能的不同加以分区。

1) 根据使用的要求，幼儿园用地主要分以下四部分功能。

- 建筑用地：包括幼儿生活用房、服务用房、供应用房三个部分。
- 游戏场地：包括幼儿游戏场、戏水池、沙池、小动物房舍等。
- 杂物用地：包括晒衣场、杂物院、燃料堆场、垃圾箱等。
- 绿化用地。

图3-2为幼儿园功能分区示意图。

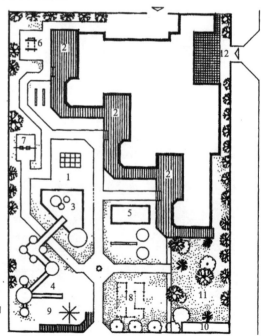

图3-2 幼儿园功能分区示意图
1—公共活动场地；2—班级活动场地；3—涉水池；4—游戏设施；5—沙坑；6—浪船；7—秋千；8—尼龙网迷宫；9—攀登架；10—动物房；11—植物园；12—杂务院

2)功能分区应注意如下要求：

- 将使用功能上联系密切的部分相接近，而需要隔离的部分相远离或加以分开，形成不同功能的区域，各部分之间布局形成一个有机的整体。
- 各功能分区的使用性质力求明确，避免不同功能之间相互干扰。
- 功能分区应注意使用方便，便于管理和组织交通疏散流线。
- 功能分区通常由道路、树墙、建筑物或小品、构筑物等加以分隔，形成相对独立的空间区域。

图3-3为幼儿园功能关系分析图。

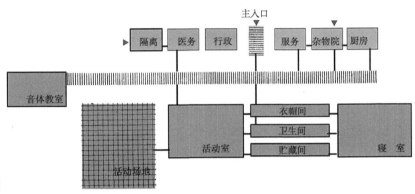

图3-3 幼儿园功能关系分析图

3.3.2 出入口设置

幼儿园出入口是联系幼儿园内外交通的主要通道，它的位置主要受周围道路、交通、幼儿入园方向等因素的制约，又直接影响了幼儿园建筑的总平面的合理布置。

1）出入口的类型及组成

- 幼儿园出入口一般宜设置两个，即主要出入口和次要出入口。
- 主要出入口供儿童出入和对外联系使用，次要出入口为生活、供应等后勤出入口。
- 小型幼儿园或限于条件也可仅设一个出入口，但设计中必须使幼儿路线和工作人员路线分开。
- 出入口应形成幼儿园总体环境设计的一个分区，其空间组成包括大门、入口前缓冲空间、围墙、前庭，有的还可与门厅相结合。

2）出入口的位置要求

● 主要出入口的位置应紧密结合周围道路和幼儿入园的人流方向，设在方便家长接送幼儿的路线上。

● 为保证幼儿进出安全，主要出入口应避开人、车流繁忙的主要道路，一般设在次要道路上，当必须设在交通干道上时，则需根据城市规划规定后退足够的距离。

● 主要出入口面临街道，位置应明显容易找，并留有足够的空间以避免人流出入的闭塞和街道噪声的干扰。

● 次要出入口位置应隐蔽，道路可直接通向杂物院、厨房或与厨房、杂物院有较方便联系的场所。

● 主要出入口的位置与道路交叉口、站台及其他建筑出入口的距离应满足以下要求：

（1）距大中城市主干道交叉口的距离自道路红线交点量起不应小于70m；

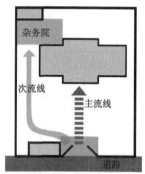

图3-4 基地为长方形，且短边临街

（2）距非道路交叉口的过街人行道（引桥、引道和地铁出入口）最边缘不应小于5m；

（3）距公共交通站台最边缘不应小于10m；

（4）与其他建筑出入口不应小于20m。

3）出入口与基地的关系

● 基地为长方形，且短边临街时，一般只能设一个出入口，并退后红线一定距离，留出缓冲的余地。为了避免儿童出入与生活供应车辆相互间不干扰，应在入口处将路线分开，开辟去厨房、杂务院的专用道路，如图3-4所示。

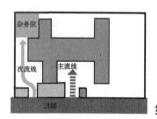

图3-5 基地为长方形，且长边临街

● 基地为长方形，长边一面临街时，如果幼儿园规模较大，宜设置两个出入口，将主入口靠近建筑物，次入口通向杂务院，如图3-5所示。

● 当基地两面临街时，最好将主、次入口分别设于两条道路上，并且尽可能将供儿童出入的主要入口设在次要道路上，以免受干道车辆和人流的影响，减少发生安全事故的可能性，如图3-6所示。

4）出入口的设计要求

● 考虑到幼儿接送时间集中和晨检等要求，主要出入口应留有一定

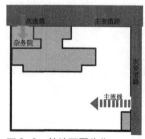

图3-6 基地两面临街

面积形成一个入口部分,在保证幼儿家长接送、等候、幼儿人流集散以及布置足够的停车面积的同时,宜设置花坛、绿化、坐凳、宣传廊、牌、喷水池或水景、雕塑等小品,创造良好的等候、休息及疏导人流的集散空间。

- 主要出入口的宽度应保证流线畅通,满足运输和消防要求,一般不宜小于4m。
- 主要出入口应与建筑物入口有较直接的联系,并注意人流与车流在大门入口处的分流,避免交叉、迂回。
- 主要出入口入园路线的设置应避免幼儿穿越班活动场地到达班活动室,入园路线上不宜设置儿童活动场地,以免泥泞践踏,破坏场地。
- 主要出入口处均需设置大门,出入口、大门及围墙的造型设计应体现幼儿建筑特色;尺度应小巧并宜尽量空透,结合儿童建筑环境设置幼儿特色的标志性装饰、装修。
- 次出入口应与主要出入口分开设置,和厨房、杂务院邻接,并与街道有方便的联系。
- 为避免幼儿攀登和钻爬,大门、围墙应采取垂直分格的金属栅栏。

图3-7所示为四季青幼儿园入口。

图3-7　四季青幼儿园入口

3.3.3 建筑物的布置

幼儿园建筑物的布置是幼儿园总体环境设计的主要内容,应根据基地及周围环境的具体条件,如用地的大小、形状、地质、地貌、方位及主导风向,出入口位置,周围建筑、环境的关系,道路交通及人流流线特点等因素综合地加以确定,并初步考虑其层数,平面形式和建筑体型是否具有可能性。在总平面中布置建筑物需综合考虑幼儿园本身的使用特点和功能要求。

1)选择适宜的建筑朝向

● 建筑朝向的重要性:日照不仅能改善室内小气候,而且阳光下的紫外线可以消毒杀菌,促进幼儿细胞的发育,使血液中增加白血球、血色素、钙、磷、铁等,预防和治疗某些疾病,起到卫生保健作用,为使幼儿健康成长,幼儿园建筑的朝向比其他任何类型建筑更为重要。

● 建筑朝向的要求:首先应保证幼儿生活用房布置在基地最好的地段及当地最好的日照方位,以保证儿童生活用房能够获得良好的日照条件,使冬季能够沐浴温煦的阳光,夏季避免灼热的西晒和有利通风。

● 理想的建筑朝向:我国幅员辽阔,各地气温差异很大,由于地理纬度的不同,日照的角度也不相同,但总的来说,我国大部分地区正南及南偏东是较理想的方位。图3-8所示为我国各地区主要房间适宜朝向示意图。

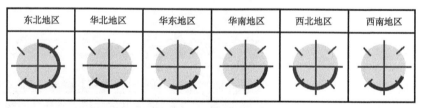

图3-8 我国各地区主要房间适宜朝向示意图

2)应满足建筑间距的要求

● 建筑日照间距要求:

(1)在建筑物与建筑物之间为取得理想的日照,使建筑不受南向建筑的阴影所遮挡,应考虑恰当地确定建筑日照间距,日照间距随着建筑的层数、所在地区的纬度不同而变化;

(2)《托儿所、幼儿园建筑设计规范》(JGJ 39—87)规定"……满足冬至日底层满窗日照不少于3h的要求";

　　(3) 日照间距计算公式：$D_0 = H_0 \cdot \coth \cdot \cos \gamma = H_0 \cdot L_0$ (3-1)

式中　D_0——日照间距(指两栋平行的建筑之间或一栋建筑的两个平行体部之间的净距离)(mm);

　　　H_0——南向前栋建筑物的计算高度(mm);

　　　h——太阳高度角(可通过查表得出某地理纬度的太阳高度角)(度);

　　　γ——后栋建筑物墙面法线与太阳方位的夹角(度);

　　　L_0——日照间距系数，即等于式中的$\coth \cdot \cos \gamma$(可通过查我国主要城市建筑日照系数表得出)。

　　图3-9 所示为建筑日照间距示意图。

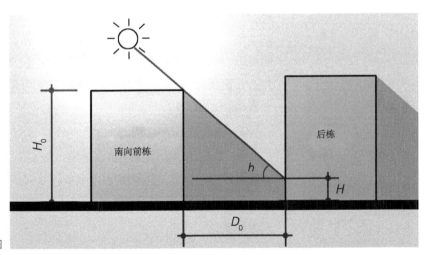

图3-9　建筑日照间距示意图

● 建筑防火间距要求：幼儿园建筑防火间距具体规定应按《建筑设计防火规范》(GBJ 16—87，2001年版)执行。表3-3为民用建筑的防火间距。

民用建筑的防火间距　　　　　表 3-3

防火间距(m) 耐火等级 \ 耐火等级	一、二级	三级	四级
一、二级	6	7	9
三级	7	8	10
四级	9	10	12

- 建筑防噪间距要求：为保证幼儿身心健康的成长，幼儿园必须具有安静、卫生的环境质量，为满足《托儿所、幼儿园建筑设计规范》(JGJ 39—87)规定的最低噪声级的要求，应采取相应的措施，合理地选址及布置平面，建筑物之间充分绿化，采取行之有效的隔声处理以降低噪声对幼儿主要用房及周围环境的影响。

- 建筑物通风间距要求：为使建筑物布置有利于通风，应合理地确定建筑物之间的通风间距。建筑物之间的通风距离与空气流动的规律及建筑物和风向投射角（风向投射线与建筑物墙面法线的夹角）有关。

- 建筑物卫生防疫间距要求：为了避免周围环境对幼儿园建筑的不利影响，建筑不应建在有空气污染的下风向，如畜圈、消毒室、垃圾箱等，如不可避免时，则需要离开一定距离，其间可采取种植树木或其他措施减少影响。

3) 建筑层数的确定

- 从幼儿年龄和生理特点考虑，为保障幼儿的安全，并有利于开展各种教学活动，幼儿园建筑合理的层数宜采用两层或局部三层。

- 《建筑设计防火规范》(GBJ 16—87，2001 年版)中对幼儿园建筑层数的要求：

(1) 耐火等级为一、二级的幼儿园建筑不应设置在四层及四层以上；

(2) 耐火等级为三级的幼儿园建筑不应设置在三层及三层以上；

(3) 耐火等级为四级的幼儿园建筑不应超过一层。

- 建筑占地可按 30% 的建筑密度计算确定。

- 如果基地面积和经济条件允许，幼儿园建筑宜为平房，其优点如下：

(1)无垂直交通,幼儿使用方便;

(2)能充分与室外活动场地结合,使室内外空间互相渗透,互相补充;

(3)利于幼儿的安全和疏散;

(4)易于保教人员照管;

(5)采光方式灵活,可采用高窗、高侧窗、屋面天窗等多种采光形式,利于改善通风条件;

(6)建筑体量小巧、灵活,符合儿童的人体尺度要求。

3.3.4 室外活动场地的布置

1)设置室外活动场地的必要性

● 幼儿的骨骼和运动机能是在运动中增长的,充分的阳光、空气、水等是使幼儿体格健康成长必不可少的因素,因此幼儿应有足够的户外活动和游戏时间。

● 幼儿的思维能力、交往能力是随着年龄的增长和心理因素的变化而发展的,而健康、活泼的室外活动能促进其感知力、注意力、记忆力、想像力、思维能力、语言能力及社会交往能力的发展。

● 让幼儿在游戏和室外活动中多接触美好的、优秀的和感人的事物,在与自然界的交往中感知真、善、美,从而培养幼儿良好的品德和情操。

● 根据幼儿园教学大纲的要求,幼儿园应有尽可能多的户外活动和游戏时间,幼儿户外游戏冬季不少于2h,夏季不少于3h,并且至少有1h的户外体育活动。

总之,为了促进幼儿身心的正常发育,增强对自然条件的适应能力,提供休憩及认识自然的场所,设置室外活动场地是非常必要的。

2)室外活动场地的类型

● 按幼儿开展的游戏内容分

(1)静态游戏活动场地:进行如角色游戏、音乐游戏、智力游戏及表演游戏等活动量小的场地。活动时占地面积小,对周围影响也较小。场地与活动室联系密切,常毗连设置,是教学与游戏使用最频繁的区域。静态活动区常设在班活动室与班活动场地连接处，可用棚、架、挑檐或柱廊设置半开敞半室内的小空间，形成自由活动的室外活动区。

（2）动态游戏活动场地：进行器械活动（如秋千、滑梯、戏水池），体操（如棒操、圈操），体育游戏（如赛跑、球类、滚圈）等大运动量活动的场地。活动时占地面积大，参与游戏的人数多，所产生的噪声大，对周围环境的影响较大，一般离开建筑物设置较大的室外活动场所。

（3）动、静区应有相对的独立性，宜分开设置，为减少动区活动对静区活动的干扰，动、静区间应有一定的分隔。

- 按使用性质和使用者分

（1）室外班活动场地：是幼儿园各班专用，供分班进行有组织的户外作业和游戏之用。为了便于管理和照顾不同年龄幼儿活动内容的不同要求，班级活动场地最好设在相对独立的地段，并宜与班活动室相毗连，设置在活动室的南面或端部。班活动场地面积大小与使用人数、活动内容、玩具设置等因素有关，如面积太小不便组织活动，面积太大又不便老师照顾管理幼儿，一般按每班30名幼儿计算，常以60~80m²左右为宜。

（2）室外公共活动场地：是供全园幼儿进行集体游戏及大型活动之用的室外活动场地。一般在公共活动场地上可开展如赛跑、体操、球类等体育活动及大型固定游戏器械活动，也可开展班级运动比赛，年级组合游戏及全园性集会，节、假日文娱演出等活动。公共活动场地面积不宜小于以下公式计算值：

$$公共活动场地面积(m^2) = 180 + 20(N-1) \tag{3-2}$$

式中　180、20、1为常数，N为幼儿园班级数。

3）室外活动场地的设计要求

- 室外活动场地应有充足的日照和良好的通风条件，满足幼儿生理卫生要求，北方地区应设阻挡寒风的挡墙。
- 室外活动场应结合幼儿生理、心理和行为的特点，创造富有童趣的室外环境空间。
- 室外活动场地中应有动和静的部分，也应有阳光和阴影的部分，以适应不同游戏活动和时间季节的需要。图3-10所示为活动场地的动

图3-10 活动场地的动静与明暗

静与明暗。

- 室外活动场地周围应设空透的围墙,其高度应能防止儿童爬出。
- 保教人员应能看到各种室外活动场地,以保证监护幼儿的安全。
- 室外场地活动应清洁、整齐、不起或少起灰尘,便于清扫并应进行铺装,铺装材料一般有草坪及铺面两种;室外场地草坪与铺面的面积比例一般为1.5:1~2:1;铺面材料要求不起尘、有弹性,不宜太光滑,并应结合幼儿特点,装饰儿童喜闻乐见的图案,但色彩不宜太亮,避免晴天眩光太强烈影响儿童视力。
- 室外活动场地应有方便排除雨水、污水的管道及设施。
- 幼儿园必须设置各班专用的室外游戏场地,每班的游戏场地面积不应小于60m²。
- 为了便于对幼儿的管理和监护,避免幼儿疾病的交叉感染和不同年龄幼儿进行多种活动时的相互干扰,各班活动场地应有独立的地段,各游戏场地之间宜利用建筑、绿化、连廊等进行分隔。
- 班级活动场地宜与班级活动室相衔接,成为活动室的延伸部分最为理想，当班级活动场地不能紧密与各班活动室相连时，应使班级出入口与班级活动场地的布置方向一致，避免班级间的交叉影响。

- 班活动场地地面应以铺面为主，以保持场地的干燥和清洁，便于活动。
- 班活动场地上应设有放置沙坑（沙箱）、跷跷板、摇马等小型玩具的地段及小片绿化，并应考虑绿化的保护措施，有条件的还可设置夏季遮阳的设施，如花架、小型凉棚等。
- 幼儿园应有全园公共的室外游戏场地，其面积和形状应满足幼儿集体游戏及活动的要求，应考虑设置游戏器具、30m 跑道、沙坑、洗手池和贮水深度不超过 0.3m 的戏水池等。
- 室外公共游戏场地应相对独立、完整，避免交通穿越并与园内其他场地分隔。
- 室外公共游戏场地应宽敞、平坦，为保证其安全性，场地铺装不应全部为硬质地面，宜以草坪为主。
- 固定游戏器械应设在绿地、塑胶地面或沙土地上，多设置在共用游戏场地的边缘地带，自成一区，并避开人流经过的地段以确保安全，并应满足活动器械围护设施所需的面积要求。图 3-11 所示为北京 SOHO 现代城小牛津幼儿园集体活动场地。

图 3-11 北京 SOHO 现代城小牛津幼儿园集体活动场地

- 集体游戏场地不应设在阴影区内，场地中心不宜栽植高大树木，以免遮挡阳光和影响幼儿进行集体活动，器械活动场地则应考虑冬季日照、夏季遮阳的要求。图3-12所示为北京汇佳幼儿园安贞园班级活动场地。

图3-12 北京汇佳幼儿园安贞园班级活动场地

4）班级活动场地的布置方式及特点要求

根据总体布局特点，班活动场地一般布置形式有：毗连式、集中式、枝状式、分散式、屋面式等五种。

- 毗连式。班活动场地与班活动室相衔接成为活动室的室外延伸部分（图3-13），其特点为：

（1）班活动场地与活动室连接自然，使用方便，贯穿一体的布置方式有利于室内外空间环境的相互渗透；

（2）班活动场地一般在建筑南侧，有利于获得良好的日照条件及冬季阻挡寒风；

（3）班活动场地之间可利用绿篱、庭园小品、玩具等自然分隔；

（4）视线开阔，便于保教人员管理。

- 集中式。当建筑外墙面短时，各班不易与建筑物相连布置活动

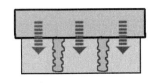

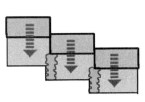

图3-13 毗连式班活动场地示意图

场地，一般围绕建筑物周围集中设置于建筑南部或端部（图3-14），其特点、要求为：

（1）如果班活动场地与活动室没有直接的联系，设计时应注意使场地与活动室有方便的交通联系；

（2）各班活动场地布置相对集中，应注意减少进行活动时相互影响，且避免交通路线的交叉干扰；

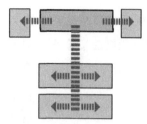

图3-14 集中式班活动场地示意图

（3）各班活动场地设置应有一定的独立性，分隔力求自然，避免生硬的分隔。

● 枝状式。当活动室呈肋形时，班活动场地呈枝状自然布置于半封闭的建筑庭园中（图3-15），其特点、要求为：

（1）班活动场地与活动室关系与毗连式相似，有着室内外贯穿一体、联系、使用方便的特点；

（2）各班活动场地独立性最好，班级之间活动时互不干扰，场地形成内院，围合感较强，形成安静、安全的活动空间；

（3）班活动场地有利于冬季阻挡寒风，但冬季阴影较多，设置时应考虑建筑间距以满足日照、通风要求。

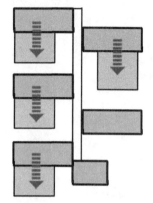

图3-15 枝状式班活动场地示意图

● 分散式。当班级较多，占地面积大，由于建筑物本身分散，形成班级活动场地相应的自然分散设置（图3-16），其特点为：

（1）班级活动场地结合自然地段情况比较灵活，容易做到分区布置；

（2）班、组活动的独立性强，互相干扰少；

（3）易满足分区、朝向、通风等要求；

（4）占地大，场地间联系不方便。

● 屋面式。利用屋顶作为班级活动场地，是在用地紧张的情况下，解决室外活动场地的一个很好途径，有利用底层屋顶平台与阳台合设作为活动室场地，利用下面一层屋面（南向屋顶平台）作同楼层活动室场地，利用退台辟出下一层屋顶作同层活动场地三种形式，其特点、要求为：

（1）充分利用空间，扩大了室外活动场地，缓解了用地紧张的矛盾；

（2）屋顶场地处理得好能使垂直交通量下降；

（3）可能减少各班之间不同活动的相互干扰；

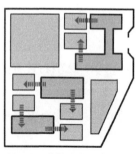

图3-16 分散式班活动场地示意图

(4)因活动场地处于楼层,应加强安全措施,如设置安全牢固的护栏、宽绿化带,为防止儿童攀登,发生危险,护栏不应设水平分格栏杆,而且竖向栏杆间隙应小于11cm,以免儿童钻出而发生意外;

(5)与平地一样,屋顶活动场地也可设置铺面、绿化、小品等,增加场地趣味性和活动内容;

(6)与平地一样,屋顶活动场地也应满足活动场地的设计要求。

图3-17为北京某小区幼儿园屋顶活动场地。

图3-17 北京某小区幼儿园屋顶活动场地

5)公共活动场地的内容及设施

公共活动场地组成内容包括集体游戏场地、大型器械活动场地、沙土游戏、戏水游戏、游戏墙及组合游戏等场地;规模大、有条件的幼儿园还可设置游泳池及其配套的更衣、淋浴等设施。

● **集体游戏场地**:是幼儿进行如赛跑、球类游戏、捉迷藏、手挽手地跳舞、唱歌等集体游戏的场地,其面积至少应满足含有一个30m直线跑道的面积和一个能围合成圆形进行集体游戏的面积,如果幼儿园规模在6个班以上，至少应设2个圆形的面积；具体面积尺寸如下：

(1) 直线跑道长为30m(图3-18)，其前后最少要有2.5m的缓冲余地，总长则为25m。跑道宽1m，共需4个跑道，其左右应附加1m，共6m宽；面积为：

[30+(2.5×2)]×(4+2)=210m²。

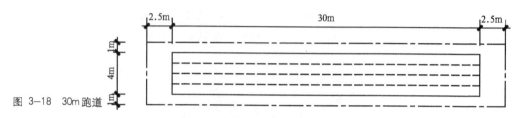

图3-18　30m跑道

(2) 圆形面积(图3-19)的计算按35人的幼儿两臂平伸(平均为1.1m，手指间距为0.1m)所围合的圆形直径为13m，外侧应有2m缓冲余地；这个圆形所外切的正方形面积为：

[13+(2+2)]²=289m²

集体游戏场地所需总面积应为：

210m²+289m²=499m²

如果幼儿园用地面积偏紧，可将游戏场与直线跑道重叠设计，但由于重叠部分不能同时使用，不如分开设置方便。

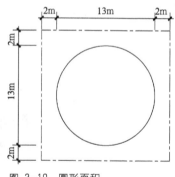

图3-19　圆形面积

● 器械活动场地：固定式运动器械可以满足幼儿的兴趣和欲望，体会运动的愉快，促进各种感觉（空间感、速度感、节奏感、平衡感等）和运动能力的发展。对于培养幼儿勇敢大胆的性格有积极的作用。因此，在幼儿园里应设有五六件以上的大型运动器械，这些器械应注意适合幼儿的尺度，以小巧为宜。

● 幼儿园的固定游戏器械可分为：

(1) 摇荡式器械：如秋千、浪木、浪船等，幼儿靠外力或自身的协调运动使身体在空中轻微摆动；

(2) 滑行式器械：如滑梯、滑竿等，幼儿从爬梯登高，靠身体重力从坡道滑下，可单独设置，也可结合室外楼梯从休息平台处的坡道滑下；

(3) 旋转式器械：如转椅，转盘中心为轴，转盘边缘设椅，在外力推动下水平旋转；

(4) 攀登式器械：由木材或钢管组接的硬攀登架和绳结的软攀登架；

(5) 起落式器械：如跷跷板，以一块长板在中心位置支撑在架上，两端乘坐幼儿，轮流蹬地而使其上下起落；

(6) 平衡式器械：平衡木，以一根长木支撑在两个支点上，距地0.3~0.4m，幼儿在长木上从一端保持身体平衡走向另一端；

(7) 钻爬式器械：如钻爬管、钻爬筒，用木材或钢管组接成有趣的造型，让幼儿在其中钻爬；

(8) 堆筑式器械：利用各种材料堆砌成各种体量造型的器械，幼儿钻、爬、攀、滚，在活动中创造自己的游戏。

表3-4所示为活动器械围护设施范围及面积；表3-5所示为器械活动场地面积。

图3-20所示为北京清华大学洁华幼儿园器械活动场地。

图3-20 北京清华大学洁华幼儿园器械活动场地

活动器械围护设施范围及面积　　　　表3-4

器械名称	围护设施范围(mm)	面积(m²)	器械名称	围护设施范围(mm)	面积(m²)
秋千	4700（1000+2700+1000）×6500（2100+1700+1700+1000）	30.55	转椅	4800（1500+1800+1500）圆形	18.09
浪船	3950（1000+1950+1000）×5350（1800+1750+1800）	21.13	硬攀登架	5000（1000+3000+1000）×5000（1000+3000+1000）	20.05
滑梯	8200（2000+4700+1500）×2500（1000+500+1000）	25.00	软攀登架	3800（1000+1800+1000）×4500（1500+1500+1500）	17.10
跷跷板	6000（1500+3000+1500）×2750（250+1500+1000）	16.50	钻爬架	4800（1500+1800+1500）×3900（1000+900+2000）	18.72
平衡木	7000（1500+4000+1500）×4000（1000+3000）	28.00	低铁杆	5200（500+1400+1400+1400+500）×3500（2000+1500）	18.20

注：该表引自黎志涛《托儿所幼儿园建筑设计》，东南大学出版社。

器械活动场地面积 表 3-5

规模班数(人数)	器械活动场地占地面积（m²）
6(180)	200
9(270)	300
12(360)	400

● 沙土游戏场地：沙土游戏是幼儿最喜爱的游戏之一，幼儿可在沙土游戏场地上开展各种如揉沙铸型、堆沙山、挖沙洞等创造性的游戏，从而培养他们丰富的想像力和创造才能。沙土游戏场地的设施有沙池、沙坑、沙箱等。沙箱最简单是木箱装入干净的沙子，较理想的则可造一大沙地作为沙池或沙坑，木制、水泥制均可。沙土游戏场地设计应注意如下特点和要求：

(1) 沙土游戏场地位置应选择在向阳背风处，既有利于幼儿健康，又能给沙土进行日光消毒，炎热地区沙土游戏场地旁最好有遮阳大树避免过强日晒。

(2) 沙池、沙坑的面积一般不宜超过30m²，深为0.30～0.50m，边缘应高出地面以防止沙流失和泥水流入。图3-21所示为沙池、沙坑剖面示意图；表3-6所示为沙池面积。

图 3-21 沙池、沙坑剖面示意图(单位:mm)

注：本图摘自《建筑设计资料集》(第二版)第3集(托儿所、幼儿园)，中国建筑工业出版社。

沙池面积 表 3-6

规模班数(人数)	沙池占地面积(m²)
3 (90)	5～10
6 (180)	10～13
9 (270)	20～40
12 (360)	30～60

(3) 宜在沙池、沙坑中央设置堆沙平台，既防止幼儿在玩沙时堆在挡墙上造成沙土的蔓延，也为幼儿提供了更多的玩沙形式。

(4) 考虑幼儿玩沙时的安全，沙池、沙坑边角应抹成圆角，避免出现尖角。

(5) 沙池应便于排水，为改善沙池的排水性能，在沙池底部设大粒砾石或焦炭衬底，并设排水沟。

(6) 为防止沙土游戏场地中沙子被带进室内，应采取相应清除沙子的措施，如与活动室之间设置一段草地，将沙池与涉水池组合在一起，设有洗手池等。

(7) 沙池、沙坑形式宜丰富多变，可用圆形、椭圆形、方形、多边形、曲线形等多种图形组合，一般采用彩度较高的色彩，以激发孩子们的情趣，还可与滑梯、涉水池、廊等设施结合，创造安全、活泼，富有童趣的空间环境。图3-22所示为北京汇佳幼儿园方庄园沙土游戏场地。

(8) 沙箱用于幼儿在台面上用手玩沙，特点是移动方便、宜保持幼儿

图3-22　北京汇佳幼儿园方庄园沙土游戏场地

和沙的清洁,但不如沙池、沙坑对幼儿吸引力大,是场地较小的情况下的解决办法。

(9) 沙池、沙箱不要靠近活动室,以免将沙携入室内,并稍远离攀爬具,防止幼儿手持玩具攀爬,发生危险。

- 戏水池、游泳池:是幼儿戏水、游水的设施,玩水不仅符合幼儿喜水的天性、增添幼儿活力,而且能健康肌肤、锻炼幼儿健康的体魄,在炎热的夏日还可起防暑、降温作用。同时戏水池、游泳池也是调节、改善幼儿园室外空间环境的重要因素。因此戏水池、游泳池是幼儿园总体环境中必不可少的一部分,6班以下幼儿园应设一个戏水池,规模较大而且有条件的宜设置游泳池及其更衣室等相应配套设施,一般可附有水滑梯。戏水池、游泳池设计应注意如下要求:

(1) 戏水池(涉水池)面积(表3-7)应适中,至少应满足2个班幼儿同时戏水用,一般也不宜超过50m²,水深不应超过0.30m;

戏水池面积　　　　　　　　　　　　　　　表3-7

规模班数(人数)	戏水池占地面积（m²）
6(180)	50
9(270)	80
12(360)	100

(2) 游泳池水深一般控制在0.5~0.8m,应设有便于幼儿下池、上岸的踏步;

(3) 戏水池及游泳池池底应平整,池边应圆滑、无棱角及突出物,池底铺面材料不宜太光滑,以防幼儿滑倒;

(4) 戏水池及游泳池造型应活泼、多样,符合幼儿心理和审美特点。图3-23所示为戏水池及游泳池。

- 游戏墙:迷宫是游戏墙的一种,它利用墙体的围合、阻隔、留出路等手法造成多变的迷幻路线,使幼儿在其中像捉迷藏一样有趣。迷宫可分地面和地下两种,设计时应适合幼儿尺度,墙的开口形式可多变。地下迷宫还可以利用光影的明暗变化增添迷幻的效果,更为幼儿所喜爱。

图 3-23　戏水池及游泳池

3.3.5　道路的布置

1）道路的类型

幼儿园院内道路从功能上分有交通联系用道路和幼儿游戏、活动用道路两类。

● 交通联系用道路：是联系幼儿园各组成部分的主要通道，也是幼儿园内的车行路。沿建筑物四周的道路可兼作消防通道用。

● 幼儿游戏、活动用道路：主要供幼儿游戏、活动及联系各活动场地的通道，如幼儿骑自行车、散步、嬉戏游玩等活动的通道或庭园小径等。

2）道路的设计要求

● 交通通道应便捷并避免迂回，路宽不应小于3.5m，车行道边缘至相邻有出入口、建筑物的外墙距离不应小于3m。

● 幼儿游戏、活动用路宜曲折、幽静，与用地地形相适应，应多从园景的视觉构图上考虑，如小径通幽，使人感觉在有限的空间中有路可行，从而有扩大庭园之感，但在设计上避免完全等同园林建筑的小径，应考虑幼儿的安全，路宽一般为1.5～2m。

● 幼儿园交通路面材料应选择耐磨，不易起灰，便于清洁的材料，庭园小径可采用天然石材或混凝土预制块并尽量利用地方材料铺砌，应与园景、小品灵活结合，在尺度及图案的选择方面应考虑幼儿使用的特点。

3.3.6 景观、绿化设计

1）景观、绿化的作用

景观、绿化是户外环境中的主体，是塑造幼儿园充满自然、艺术情趣的重要因素，景观、绿化的作用如下：

- 景观小品、植物本身形象与色彩的美，能促进幼儿的身心健康发展，让生活在优美环境中的幼儿接受美的熏陶，也能使幼儿保持心情宁静，提高视力。
- 可以通过植物、景观组织空间，丰富空间的层次，自然地分隔场地。
- 合理的景观设计、绿化配置能装饰、美化环境，改善环境条件，使人感受到空间的亲切和充实。
- 一定面积的绿化可以改善幼儿园的小气候环境，减弱太阳辐射热、防止西晒、调节温度、增加空气湿度、降低风速等，还能减少周围环境中噪声、尘埃、有害烟气对幼儿园的污染，保持清新的环境。
- 绿化可以帮助幼儿更好地了解大自然，在日常生活、游戏中增长知识。
- 景观小品在幼儿园中不仅起到点缀空间、美化环境、启迪思维、增添情趣的作用，而且还具有为幼儿提供休息、游戏的价值。

2）幼儿园景观设计的一般原则

- 尺度应小巧：幼儿的视点较低，坐立姿态也与成人不同，因此无论从观赏还是从使用的角度考虑，景观设计应儿童化，必须特别注意幼儿在活动场地中走动、奔跑、攀登及爬行时的目光视线，做到功能简明，体量小巧。
- 形象应生动：景观设计的造型与内容都要适合幼儿的兴趣和理解力，要富有活力，富有想象，以达到活跃幼儿思维、丰富幼儿心灵的作用。
- 色彩应鲜明：幼儿的美感和审美能力常常表现出幼稚肤浅，喜爱鲜明艳丽的颜色，不甚注意色彩的协调，甚至灰调子根本不能引起幼儿的兴趣，因此，景观设计在色彩上宜采用简单色，以使幼儿对颜色发生浓厚兴趣，并在欣赏中加深对颜色的辨认和记忆。

3）幼儿园景观设计的设置

幼儿园景观设计除植物绿化外，还主要包括幼儿园标志物、围墙、水池、花坛、花架、坐凳椅、亭、廊、雕塑、微地形等景观小品及道路、广场的铺装设计等。

- 入口大门：入口大门在管理上可以起与外界隔离的作用，避免非幼儿园人员进入，以保证幼儿园的安静、安全以及卫生防疫要求；入口大门应具有吸引力，且包括儿童喜爱的元素，应该通过尺度、材料、序列、景象等手段明确表现出幼儿园建筑的强烈个性，造型生动、活泼，色彩醒目鲜艳。

- 幼儿园标志物：可结合大门及建筑物的造型，材料，质感以及经济条件采用不同的制作和设置；造型新颖别致，富有个性特点的同时又能与整个园区的总体环境相协调。图3-24所示为某幼儿园设计方案入口处结合建筑物以"风车"作为幼儿园标志物。

图3-24 某幼儿园设计方案入口处结合建筑物以"风车"作为幼儿园标志物

- 坐凳椅：幼儿园的坐凳椅在造型上应新颖，形象生动，手法宜随意自由；在布置上可设于树荫下，戏水池旁，小路边等；制作材料应考虑不怕雨淋、日晒，表面应光滑。

- 亭和廊：亭和廊的造型应新颖别致，彩色和装饰更应为幼儿喜爱；可单独设置，也可大小组合在一起，或设于戏水池边，置于花丛草地上，亦可与建筑相结合。
- 水池：可在广场显著位置或院落僻静之处设一泓清水，形状宜采用曲线、活泼流畅，池中可有人工喷泉，或置水生植物、金鱼，使其成为幼儿喜爱的观赏景点。
- 雕塑：雕塑在美化环境和陶冶幼儿心灵方面可起到特殊作用，不宜采用幼儿难以理解的抽象雕塑，要特别注意雕塑的体量应适合幼儿尺度，位置可与水池、广场、游戏场地、建筑及活动器械相结合布置。图3-25所示为中国福利会幼儿园内雕塑小品。
- 花坛：一般用砖、石或混凝土砌筑，外加粉刷再进行各种装饰美化，应注意形状宜活泼自如，高度应考虑幼儿观赏尺度，一般台高为0.20～0.40m，也可兼当坐凳使用。

图3-25 中国福利会幼儿园内雕塑小品

- 花架：利用空廊或构架上覆盖爬藤植物，形成休息纳凉的空间。
- 围墙：用于围护幼儿园的边界，根据幼儿园周围环境的具体情况采取不同形式的做法；与成人通常喜欢视线和声音与道路交通隔开不同，幼儿往往会从繁忙的交通中发现许多乐趣，因此，临街面应设计空透的围墙以方便儿童从院内观望大街，使幼儿从观看、模仿和谈论各种车辆、行人中得到极大的乐趣；另外，如果幼儿园相邻为开放绿带或公园，也应设置空透的围墙以使视觉连续，增加开阔感，提高园区内的环境质量；当幼儿园与其他单位或居民住宅楼毗邻时，宜以隔离为主要目的，防止外界干扰。
- 微地形：如果场地中有坡地、土堆或小丘等微地形，就应该将它们融入到设计之中，场地如果比较平整，也最好在挖土造沙坑、水池的同时堆垒出小丘，因为地形高度的变化可提供许多活动机会；许多玩具以及孩子们自己都可以从斜坡上滑下来；高处的位置使得孩子可以理解院子各部分之间的关系，有助于了解某个伙伴或是教师的位置；土丘还提供了活动场地的自然分隔，同时调节了院内风的效果；幼儿园微地形高度应低矮，坡度平缓以保证幼儿安全。图3-26所示为幼儿园内坡地不同季节的利用；图3-27所示为北京汇佳幼儿园远洋园内坡地。

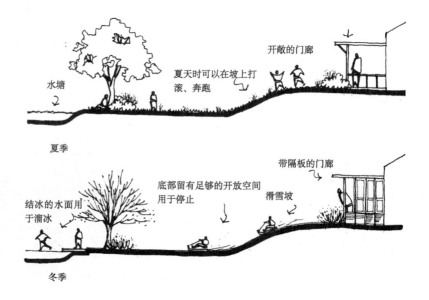

图3-26 幼儿园内坡地不同季节的利用
注：本图摘自克莱尔·库珀·马库斯，卡罗琳·弗朗西斯编著《人性场所——城市开放空间设计导则》，中国建筑工业出版社。

图3-27 北京汇佳幼儿园远洋园内坡地

● 地面铺装：地面铺装应美观、平整、易保持整洁，缝隙不可过宽过深；可在广场、平台等处设置；可用各种不同形状、大小、颜色的预制混凝土块、铺地砖、水磨石或卵石等铺设成美丽的图案，以达到趣味性、装饰性的效果。

4）幼儿园绿化的设计要求

● 幼儿园内必须有一定的绿化面积，不应少于$2m^2／$人，有条件的幼儿园，宜结合活动场地铺设草坪，提高绿化覆盖率并尽量扩大绿化面积。

● 幼儿园的绿化设计既要符合幼儿的使用、安全的要求，又要考虑绿化效果，在进行绿化设计时，要因地制宜，合理栽植。

● 公共活动场地、庭园应以草坪为主，适当配以灌、乔木；活动场地、大型玩具、器械场地旁宜栽植落叶乔木，夏季树荫浓密可遮阳、防晒，冬季则树叶掉落，不遮挡场地阳光，保证了活动场地冬、夏季使用，班活动场地旁边宜栽植开花的灌木。

● 绿篱密植可替代围墙在用地边界上采用，也可用作分隔场地用，绿篱易修剪整齐，一般宽0.7~1m，高保持在1~1.25m左右。
- 庭园中宜种植观赏树木及花卉。
- 为幼儿园创造一个优美、卫生的环境还应注意对花期的早晚、特点、产生的绿化效果等方面进行合理的选择，做到春有花、夏有荫、秋有果、冬有青。
- 幼儿园的绿化布置宜活泼开朗，不应呆板拘谨，要体现出儿童环境的特征，给人以活泼亲切的气氛，可根据树木的特征和场地的功能采用孤植、行植、片植相结合的手法灵活栽植。
- 幼儿园内树种选择应严禁种植有毒、带刺、有刺激性的植物，还应注意不宜选择容易招引苍蝇和虫子的树种。
- 在幼儿活动室、音体活动室前栽植高大乔木应保持足够的距离，避免遮挡南面阳光，乔木中心与有窗的建筑物外墙水平距离应大于3m，灌木应大于1.5m。图3-28所示为北京清华大学洁华幼儿园内保留的高大树木；图3-29所示为北京SOHO现代城小牛津幼儿园内与居住区相结合的大面积绿地。
- 幼儿园常用花卉、树木种类及特点见表3-8。

图3-28 北京清华大学洁华幼儿园内保留的高大树木

图3-29 北京SOHO现代城小牛津幼儿园内与居住区相结合的大面积绿地

幼儿园常用花卉、树木种类及特点　　　　表 3-8

类 别	名 称	花 期	颜 色	备 注
灌木类	小柏树			常绿
	杨柳			
	黄杨			常绿
	珍珠梅	夏	白	花期长
	连翘	春	黄	
	小桃红	春	红	花期早
	榆叶梅	春	粉红	花期短
	丁香	春	紫白	有香味
攀缘类	葡萄			
	凌霄			
	牵牛花	春夏间	黄	
	鸟萝			
观叶类	元宝枫			
	黄栌			
	银杏			
球根类	唐菖蒲	夏	红、粉、白、黄	
	美人蕉	夏	红	
	大丽花	夏、秋	各色均有	
草花类	鸡冠花	春、秋	红	
	波斯菊	夏	黄	
	草茉莉	夏	白、红	
	孔雀草	夏	黄	
	金盏菊	春、秋	黄	
	三色堇	春、秋	紫、白、黄	
	一串红	春、秋	红	
	紫罗兰	春、秋	紫	
观花类	红山桃	初春	红	
	山杏	春	朱红	
	合欢	夏	朱红	
果树类	苹果	春	粉红	
	梨	春	白	
	柿			
	海棠	春	粉红	
其他树木	白腊			快长
	国槐			慢长
	三青杨			快长
	馒头柳			快长
	垂柳			快长
	立柳			快长

注：1. 有毒植物如藤罗、蓖麻、夹竹桃、罂粟花等；
　　2. 有刺植物如洋梅、刺梅、枣树等；
　　3. 本表摘自刘宝仲《托儿所幼儿园建筑设计》，中国建筑工业出版社。

5）幼儿园的绿化配置

- 用绿化进行分区、分隔空间：幼儿园内的室外场地有班游戏场、公共活动场地、广场、杂物院、晒衣场等，它们之间应有一定的隔离，使分区明确而且互不干扰，常用低矮的灌木、绿篱行植并可修剪成为规则的绿化分区。

- 结合场地功能进行合理的绿化配置：

(1) 集体活动场地需种植大片绿茵草地；

(2) 器械活动场地可结合大型固定游戏器具点缀高大乔木；

(3) 直跑道两侧宜种植行道树；

(4) 庭园内及室外重点部位可栽植花卉、花坛、花池等美化环境。

- 开辟垂直绿化，扩大绿化面积可调节小气候：

(1) 屋顶绿化，可减少屋顶辐射热并为屋顶游戏场地提供了良好的活动环境；

(2) 充分利用不宜建房的地段如陡坡等布置垂直绿化，设置台阶式花坛，配以错落有致的踏步，丰富了庭园空间；

(3) 在栅栏、荫棚及围墙上栽植爬蔓，增加装饰气氛。

6）种植园地及小动物饲养场设计

- 种植园地：

(1) 种植园地的作用：园地劳动、认识大自然是幼儿园教学大纲中规定的必要教学内容，为了培养幼儿良好的品德，热爱劳动的习惯，以及简单的操作能力，学会认别各种蔬菜瓜果，植物、花卉的特征和种类，通过种植植物了解它们的生长过程，在幼儿园中应开辟一定场地作为种植园地。

(2) 种植园地的位置：植物生长需要阳光，幼儿园种植园地应设在向阳处，避免阴影遮挡，同时最好安排在幼儿园靠围墙的边沿或转角处，以利于与建筑物相隔适当距离，其位置可集中设置，也可利用零星小块地段或与中心庭院相结合设置。

(3) 有条件的幼儿园还可单独设置菜园、花圃、果园，土地宜分成小块，畦宽宜小些，便于幼儿在畦间小路上栽植、管理，一般畦宽为0.6～

0.8m,小路宽约 500mm。

- 小动物饲养场：

（1）认识动物也是幼儿园教学内容之一，为了能提供方便的教学条件，应在幼儿园中辟出一定面积作为小动物饲养场地；

（2）饲养动物一般是小家禽和小家畜，如鸡、鸭、兔和鹦鹉、黄莺、鸽子等，动物饲养须设置笼舍，笼舍外面设围栏，以便于幼儿观赏小动物的外形特征、生长过程和生活习惯等；

（3）笼舍的造型宜按幼儿的喜爱进行设计，同时要依据各种动物的生态需要，设置适合其生存的环境；

（4）小动物饲养场应离开幼儿生活用房设置，一般设在场地较偏僻处，最好位于建筑物的下风方向，四周宜栽植低矮的乔木和灌木。图 3-30 所示为北京清华大学洁华幼儿园内种植园地与小动物饲养场。

图 3-30 北京清华大学洁华幼儿园内种植园地与小动物饲养场

3.3.7 杂物院的布置

1) 杂物院的作用

杂务院是为幼儿园生活服务部分所必需的室外场地，它用来存放燃料，临时堆放杂物，晾晒衣服，进行蔬菜食品的粗加工等。在南方地区，因夏季比较炎热，杂务院成为厨房的室外延伸部分，很多准备工作都可在杂务院里进行。

2) 杂物院的设计要求

● 杂务院的出入口与主出入口应分开，小型幼儿园可不设杂务院，而利用主出入口，但其人流路线也必须在院内分开。

● 杂务院需要贮存煤和蔬菜，布置垃圾箱以及晾晒的场地，这些功能都需有足够的面积，因此杂务院的面积大小，应根据幼儿园的规模，使用燃料的情况，以及不同地区的气候条件和生活习惯综合地加以确定。

● 杂务院主要是服务于厨房、锅炉房、洗衣房等服务用房，因此其位置应和这些房间靠近组成一个区域，安排在总平面中较为隐蔽的地方，并位于建筑物的下风侧。

● 杂务院与其他场地之间应用矮墙或绿篱分隔开来，或者由建筑体部围成半封闭的院落。

● 杂务院必须与儿童生活部分严格分隔，以避免儿童擅自通过杂务院进入锅炉房、洗衣房、厨房等房间。

● 为了方便运煤、垃圾，并将工作人员出入与儿童流线分开，应设专门出入口。

● 杂务院的场地最好用混凝土或其他铺面材料予以铺装，并设室外排水口，以便于清扫和冲洗，保持杂务院的清洁卫生。

3) 杂物院的布置方式

● 杂务院设于主体建筑的端部（图3-31），厨房独立设置，这种形式的杂务院对幼儿生活部分干扰较小，且厨房的油烟、噪声、气味等不致窜到儿童用房，但厨房距离不宜太远，在北方地区宜设暖廊连接厨房与主体建筑；

● 杂务院厨房与主体建筑端部相接（图3-32），杂务院紧连厨房，这

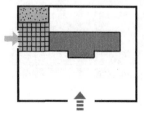

图3-31 设于主体建筑的端部

种布置使用方便，对幼儿生活部分的干扰也较小；

● 由建筑体部围合成杂务院(图3-33)，形成半封闭的室外空间，这种布置比较隐蔽，但要注意紧靠杂务院的一面不宜布置活动室或卧室；

● 杂务院在三合院中(图3-34)，这种布置在靠近杂务院的一面，不要布置儿童用房；

● 杂务院设于封闭的内院(图3-35)，这种布置对幼儿生活部分干扰大，而且不便于生活用品及燃料的运输，此外对通风及采光也不利。

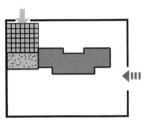

图3-32　与主体建筑端部相接

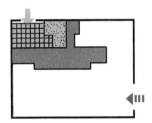

图3-33　由建筑体部围合而成

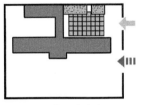

图3-34　在三合院中

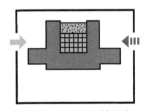

图3-35　设于封闭的内院

3.4 幼儿园总体环境设计实例分析

3.4.1 北方6班幼儿园

该方案的总平面设计以主体建筑为中心，采用单元式布局，中间围合形成内庭院，建筑平面呈风车型。外部空间被建筑分隔为三个部分：南部具有良好的朝向，为主要的儿童室外活动场地；东北角为下沉式表演场地，与音体活动室联系紧密，便于内外互动；西北角为小动物房、植物园地，便于后勤人员维护和培植。总平面设计紧凑有秩，各功能间联系方便，整体布局合理（图3-36）。

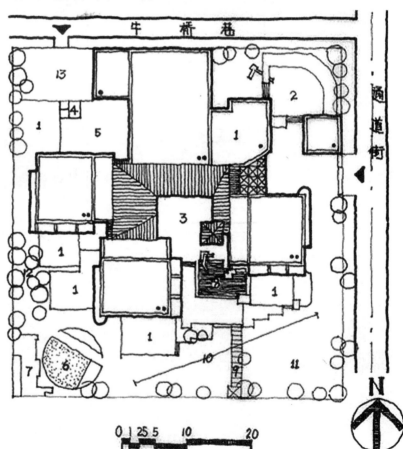

图3-36 北方6班幼儿园总平面
1—班级活动场；2—下沉式表演场；3—游戏院；4—小动物园；5—植物园地；6—沙坑；7—迷宫；8—涉水池；9—花架；10—30m跑道；11—器械场；12—绿地；13—杂务院

3.4.2 南方9班幼儿园

该幼儿园总平面设计将用房集中布置在用地的北半部,办公和辅助用房位于北侧,儿童活动用房全部为南向,面向室外活动场地,两部分围合形成内庭院。用地南部全部为幼儿的室外游戏场地,可以使幼儿在阳光的沐浴下尽情玩耍,与幼儿生活用房的关系十分紧密。后勤入口位于基地西北角,主入口位于基地东侧,结合两入口分别形成后勤用地和入口广场,互不干扰,对外联系也方便(图3-37)。

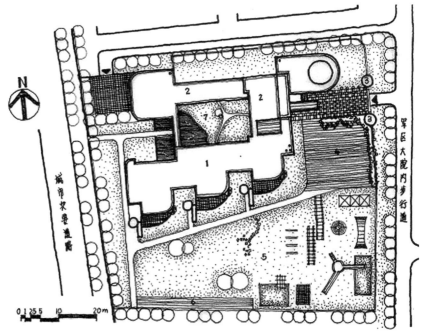

图3-37 南方9班幼儿园总平面
1—活动用房;2—办公、辅助用房; 3—传达收发;4—集中操场;5—室外游戏场;6—30m跑道;7—内庭院

3.4.3 南方6班幼儿园

主体建筑平面呈锯齿形,位于基地的西北侧,东南侧为幼儿室外活动场地,两部分各置一角,两者日照、通风条件均好。大面积的草场,为幼儿活动创造了优越的活动条件。主入口位于基地的西侧,建筑后退形成入口广场,次入口和后勤入口位于基地的北侧。整体布局清晰明了(图3-38)。

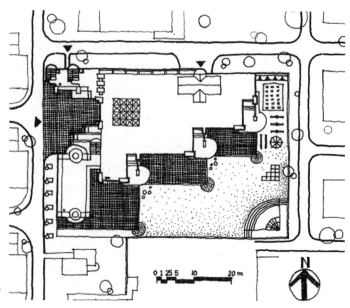

图 3-38 南方 6 班幼儿园总平面

3.4.4 北方六班幼儿园

建筑主体位于基地的西侧,错落有致的形体变化,符合儿童的心理特征,创造出舒适而变化的环境及造型。幼儿室外活动场地位于基地的东侧,与主体建筑相呼应。主次入口分别位于基地的西侧和南侧,后勤入口位于基地的北侧,交通路线简洁,联系方便,不影响东部室外活动场地的使用(图 3-39)。

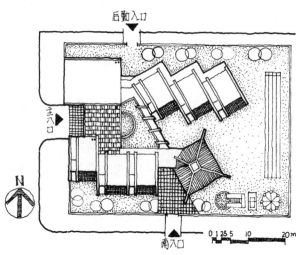

图 3-39 北方 6 班幼儿园总平面

4 幼儿园建筑平面组合设计

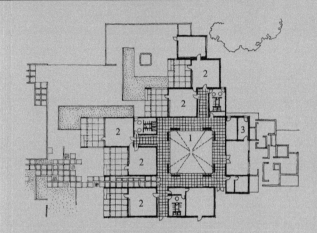

幼儿园建筑属于小型公共建筑，使用对象是3~6周岁的幼儿，大大不同于成人的要求，因而在使用功能、空间构成、造型特征及构造节点等方面，均有其自身的特征及要求，应细致入微地进行研究和处理，使幼儿身心得以健康发展，为幼儿园保教工作的正常进行创造一个适宜的场所。

4.1 幼儿园建筑平面的组成及面积指标

4.1.1 幼儿园建筑的平面组成

幼儿园建筑的平面组成应根据其性质、分类、规模、地区差异、经济条件及主办幼儿园单位的要求等因素确定，一般应设置下列功能空间：

1）幼儿生活用房

- 幼儿生活用房是指幼儿在幼儿园中活动、学习、睡眠、进餐等全部生活的房间，包括幼儿活动室、卧室、卫生间、衣帽间、音体活动室、贮藏室、幼儿浴室等。

- 幼儿生活用房是幼儿园建筑的主要组成部分，其特点是在幼儿园建筑中占用面积最多、房间设置位置最重要、房间组成最复杂、空间处理和功能要求较高以及室内外联系较密切。

- 随着学龄前儿童教育的发展，幼儿教育水平的提高，适合儿童特点的教育内容和方法的新手段不断增加，因而有条件的幼儿园可适当增设某些专用房间，如电脑教室、美工室、图书室、电影室、幻灯室以及满足多种功能的公共教室。

2）服务用房

- 服务用房是幼儿园的保教、管理工作用房，一般包括医务、保健室、隔离室、晨检、收容室、行政办公室、资料室、会议室、教具制作室、传达室、值班室、库房及职工厕所等房间。

- 幼儿正处在生长发育的重要阶段，卫生保健工作对于幼儿健康成长十分重要，因此幼儿园应有专职保健或医务人员并提供相应符合要求的工作房间和环境，来完成园内日常卫生保健、营养卫生、环境卫生和个人卫生、身体检查、消毒、隔离和预防接种等工作。

- 在行政办公用房中，除园长室、总务及财务会计等日常办公用房外，还应该设有供接待用的会客室，作为对外接待及与家长交谈之用。

3）供应用房

是幼儿园必不可少的辅助用房。一般由幼儿及职工厨房、主食及副食库、炊事员休息室、卫生间、开水房、消毒室、洗衣房、锅炉房及车库等组成。

4）交通性辅助面积

- 交通性辅助面积是将幼儿园内各类房间联系在一起的功能空间，如门厅、楼梯间、坡道、滑梯、走廊等。
- 交通性辅助面积的作用是有效地组织房间、交通联系，明确不同性质的分区，避免相互干扰，是幼儿园中有利于管理和方便幼儿活动的不可缺少的组成部分。

4.1.2 幼儿园建筑各类房间的面积指标

1）房间面积的影响因素

幼儿园各房间面积大小的确定，一般应根据房间的使用人数、使用功能、家具尺寸及其布置、交通流线、设备占用面积等因素决定。此外，还与相关政策及经济条件等因素有关。

2）根据《托儿所、幼儿园建筑设计规范》（JGJ 39—87）规定，幼儿园主要房间面积不应小于表4-1的规定。

3）国家教育委员会、建设部颁布的《城市幼儿园建筑面积定额（试行）》明确城市幼儿园园舍面积定额如表4-2所示。

幼儿园主要房间最小使用面积（m²）　　表4-1

房间名称			规模		
			大型	中型	小型
幼儿生活用房		活动室（每班面积）	50	50	50
		寝室（每班面积）	50	50	50
		卫生间（每班面积）	15	15	15
		衣帽贮藏间（每班面积）	9	9	9
		音体教室	150	120	90
服务用房		医务保健室	12	12	10
		隔离室	2×8	8	8
		晨检室	15	12	10
供应用房	幼儿用厨房	主副食加工间	46	36	30
		主食库	15	10	15
		副食库	15	10	
		冷藏库	8	6	4
		配餐间	18	15	10
		消毒间	12	10	8
		洗衣房	15	12	8

注：1．全日制幼儿园活动室与卧室合并设置时，其面积按两者面积之和的80%计算；
　　2．全日制幼儿园(或寄宿制幼儿园集中设置洗浴设施时)每班的卫生间面积可减少2m²；寄宿制幼儿园集中设置洗浴室时，面积应按规模的大小确定；
　　3．实验性或示范性幼儿园，可适当增设某些专业用房和设备，其使用面积按设计任务书的要求设置；
　　4．职工用厨房如与幼儿用厨房合建时，其面积可略小于按两部分面积之和；
　　5．厨房内设有主副食加工机械时，可适当增加主副食加工间的使用面积；
　　6．本表根据《托儿所、幼儿园建筑设计规范》(JGJ 39—87)编制。

城市幼儿园园舍面积定额　　　　表4-2

房间名称		每间使用面积(m²)	6班(180人)		9班(270人)		12班(360人)	
			间数(间)	使用面积小计(m²)	间数(间)	使用面积小计(m²)	间数(间)	使用面积小计(m²)
幼儿生活用房	活动室	90	6	540	9	810	12	1080
	卫生间	15	6	90	9	135	12	180
	衣帽教具贮藏室	9	6	54	9	81	12	180
	音体活动室		1	120	1	140	1	160
	使用面积小计			804		1166		1528
	每生使用面积(m²/生)			4.47		4.32		4.24
服务用房	办公室			75		112		139
	资料兼会议室		1	20	1	25	1	30
	教具制作兼陈列室		1	12	1	15	1	20
	保健室		1	14	1	16	1	18
	晨检、接待室		1	18	1	21	1	24
	值班室	12	1	12	1	12	1	12
	贮藏室		3	36	4	42	4	48
	传达室	10	1	10	1	10	1	10
	教工厕所			12		12		12
	使用面积小计			209		265		313
	每生使用面积(m²/生)			1.16		0.98		0.87
供应用房	厨房	主副食加工间(含配餐)		54		61		67
		主副食库		15		20		30
		烧火间		8		9		10
	炊事员休息室			13		18		23
	开水、消毒间			8		10		12
	使用面积小计			98		118		142
	每生使用面积(m²/生)			0.54		0.43		0.39
	使用面积合计			1111		1549		1983
	每生使用面积(m²/生)			6.17		5.74		5.51

注：1. 幼儿园的规模与表中所列规模不同时，其使用面积可用插入法取值；
　　2. 规模小于6班时，可参考6班的面积定额适当增加。

4.2 幼儿园建筑平面组合的要求

4.2.1 幼儿园建筑平面组合功能关系要求

幼儿园建筑的各个组成部分是既有联系又相对独立的有机整体,在着手进行幼儿园建筑布局时,首先应了解它们之间的内在关系,以便进行合理的功能分区。

各类房间的功能关系合理是建筑平面组合的基本要求之一。将性质相近的房间组织在一起以方便联系;相互干扰的房间要予以隔离,分区明确,满足功能上联系与分隔的需要。功能关系图不等于建筑平面的布局,但它是产生良好的建筑布局的依据。同样的功能关系可以产生很多不同形式的建筑平面布局形式,无论采用哪种构成形式或平面与空间的组合均是如此。幼儿园的房间之间的功能关系如图4-1。

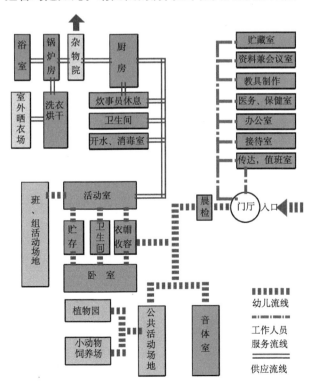

图4-1 幼儿园建筑功能关系分析图

4.2.2 幼儿园建筑各组成部分的使用功能要求

幼儿园是由性质不同、功能各异的房间及必要的交通面积所组成的，建筑平面组合的根本目的即是为了合理组合幼儿园中各种空间以满足其功能要求。因此，了解各类房间的功能要求是进行建筑组合的前提，也是处理建筑物组成中联系与分隔必不可少的依据。

1）幼儿生活用房的功能要求

- 依照幼儿在幼儿园中一天生活作息的规律，应将幼儿全天活动中使用关系最为密切的房间，如幼儿活动室、寝室、盥洗室、厕所等组合在一起，形成一个独立的幼儿生活单元，这样不仅有利于保教、管理工作的开展，而且也符合卫生防疫的要求。

- 各生活单元应有独立的室内外出入口，相互间不应穿套布置，各楼层间的单元上下楼时也宜互不交叉干扰；各单元应易于隔离，保证卫生防疫要求和幼儿进行活动的独立性。

- 活动室是幼儿生活中的主要房间，相当于住宅中的起居室，幼儿在园内全天的活动如室内游戏、学习、进餐等基本都在活动室内，是幼儿使用时间最长的房间。

- 幼儿卧室可单独设置，并宜与活动室穿套布置，中间可以用折叠门或拉帘分隔，必要时联通成一体，这种流通空间的手法可以提供多功能的要求；也可将活动室与卧室不明确地分开，仅在房间的一个角落作为卧室面积；还可将卧室布置在活动室的空间夹层或阁楼空间内，这样可以节约面积，充分利用空间，但要注意室内的净高满足使用、安全要求。

- 幼儿结束室外活动后，宜先洗手后再进入活动室，所以，盥洗室的位置宜在进入活动单元必经的地方；幼儿使用厕所的次数相对频繁，平均每天约3~4次，而使用盥洗台的次数更多，每天约6~7次以上，使用时间也比较集中，致使盥洗室的门经常不能处于关闭状态，如将盥洗室和厕所安排在一个大间内，容易致使厕所内的臭气散布污染活动室和卧室，应将厕所和盥洗室分开设置或在其间设置分隔措施。

- 幼儿浴室，在北方地区日托班一般可不必设浴室，南方地区应设置浴室，可以集中或分散设置，如设浴室可以与盥洗间合并，也可独立设置，但两者必须相连以便于使用。
- 衣帽贮藏室宜各班分开设置在幼儿生活单元内，可以单独设为房间，也可在走廊、过厅等空间设置衣柜解决，其位置应在各幼儿生活单元的入口处或靠近的地方。
- 音体室是一个多功能房间，可供班级联合集会、跳舞，唱歌、家长座谈会及放映电影、录像，幻灯片等活动使用，天气不好时还可以作为临时游戏室。音体室布置与幼儿生活单元应有一定隔离，以避免活动时相互干扰。音体室无论是设在适中位置或幼儿用房的尽端，都不得和辅助用房、服务用房混在一起。当音体室独立设置时，与主体建筑距离不宜过远并需用连廊相通。音体活动室宜靠近幼儿园的入口设置，可避免进行观摩教学、召开家长会或对外开放时外来人流深入园的内部，而产生交叉感染和干扰。音体活动室最好为平房或设于建筑的底层，宜接近全园的共用游戏场地，便于内外活动的联系，成为公共游戏场的室内延伸部分。

2）服务用房的功能要求

- 由于幼儿园的服务用房总数不多，所以经常将它们建在一起；因为有些服务用房对外联系比较密切，如传达室、接待室、园长室要经常接待客人和家长的来访，所以服务用房的位置常常靠近入口门厅的一侧或围绕门厅、中厅的附近布置，考虑到管理、联系工作的方便，使行政办公房间集中在整个建筑物适中的区域；服务用房应与幼儿生活单元有一定的隔离来保证卫生防疫要求。
- 保健人员用房应在行政办公房间与幼儿生活单元之间，也可设在幼儿生活单元附近与行政办公用房分开，为了防止疾病的蔓延和传染，卫生保健用房最好设在一个独立单元之内，并应与幼儿生活单元要有一定隔离，避开幼儿日常活动流线；幼儿园必须设置医务保健室、隔离室，并应设在建筑底层，有单独出入口；医务保健室和隔离室宜相邻设置或穿套布置。
- 晨检收容室宜设在主体建筑主出入口处，也可与门卫、收发室合建，但要与门卫、收发室隔开。
- 教职工的洗浴设施应与幼儿洗浴设施分开，卫生间也应单独设置，不要与幼儿用卫生间混用。

3）供应用房的功能要求

- 供应用房如厨房、锅炉房、开水房、洗衣房等中的设备对幼儿具有一定危险性，故应与幼儿生活单元有一定隔离，防止幼儿擅自进入导致发生事故，同时也可以避免或减少供应用房使用过程中产生的烟、气、味以及噪声影响幼儿生活单元或其他房间的使用。

- 厨房位置不应距幼儿生活单元太远，否则由于送饭的路线太长，会致使饭菜很快变冷或途中风尘的吹落有碍卫生，不利于幼儿健康成长；楼层间送饭，最好设置提升设备的小电梯，容积不必太大，其位置应在与厨房、楼层备餐间的上下对应处；如厨房位置不能靠近幼儿生活单元需要通过走廊时，该廊应为暖廊，否则应用保暖车送饭，特别对北方地区的幼儿园尤为重要。

- 供应用房中厨房、锅炉房、开水房、洗衣房、消毒室以及服务用房的集中浴室等房间应彼此尽量靠近，以利于集中供热和节省管道。

4）交通辅助面积的功能要求

- 门厅应结合走廊、楼梯、过厅等交通空间，明确地引导人流的去向，有组织地分别导向各个功能房间，使不同的交通流线明确清晰，减少相互交叉、干扰。

- 门厅可作为家长接送幼儿时休息、等候，进行晨检等的场所，为了出入门厅避风雨，需要宜设门斗、门廊或雨篷。

- 一方面设计中应尽量减少完全为交通联系而设置的辅助面积，缩短交通路线，紧凑空间布局；另一方面根据幼儿生理、行为特点，交通辅助面积又不能设计过窄以保证交通的通畅和幼儿使用、疏散过程中的安全；有些走廊、过厅等可以在合适的部位加宽加大利用为衣帽间、展廊、休息、室内景观等使用面积，也可以在雨雪、寒冷等天气不能外出活动时作为游戏场所。

- 北方严寒、寒冷地区的幼儿园不应设置开敞的楼梯间和外廊，以防冬季幼儿从室内房间到另一室内房间时需经过室外引起感冒，为满足冬季保暖需要出入口宜设门斗或其他防寒措施；南方地区的幼儿园不需设置封闭的门厅、门斗、大厅等，可以完全用敞廊、庭院联系，但应注意入口明显、导向明确、管理方便，避免各类不同性质的流线相互交叉；楼梯位置应适中、明显、路线通畅、光线充足，其中主楼梯应设于门厅内，或接近出入口处。

4.2.3 物理环境要求

1）朝向要求

- 阳光对于正在生长发育的幼儿来说是非常重要和必要的，因此建筑平面组合时应首先保证幼儿生活单元主要房间如活动室、卧室、音体室等具有良好的朝向。
- 建筑平面组合要根据地区特点，房间对日照的要求合理地安排房间的朝向。
- 《托儿所、幼儿园建筑设计规范》JGJ 39—87规定"幼儿园的生活用房应布置在当地最好日照方位，满足冬至日底层满窗日照不少于3h的要求，温暖地区、炎热地区的生活用房应避免朝西，否则应设遮阳设施"。

2）采光要求

- 采光是指在白天室内用自然光创造理想的光环境，建筑设计应尽量采用自然采光。
- 采光通常以窗地面积比，即开窗的有效采光面积与房间地面面积之比计算，但要注意房间比例，周围环境条件的不同可以有所增减，《托儿所、幼儿园建筑设计规范》JGJ 39—87规定的幼儿园主要房间侧窗采光窗地面积比见表4-3。

幼儿园主要房间窗地面积比　　表4-3

房 间 名 称	窗 地 之 比
音体室、活动室	1/5
寝室、隔离室、医务保健室	1/6
其他房间	1/8

注：单侧采光时，房间进深与窗上口距地面高度的比值不宜大于2.5。

- 幼儿园建筑采光方法主要有侧窗采光、天窗采光和高侧窗采光三种形式。

（1）侧窗采光：这是使用最多的一种，优点是便于构造和施工，有利于防雨，开关，容易清洁，修理简单，用透明玻璃时有开敞感，有利于通风、散热；缺点是单侧采光时，照度不均匀，房间深处照度不足，邻近状况妨碍采光等。

（2）天窗采光：优缺点与侧光正相反，不利于防雨，不易操作维修，对狭窄的房间缺少开敞感；通风、散热不利；但是对采光量及照度分布的均匀性有利，对于因受环境影响采光效果的情况较少。

（3）高侧窗采光：兼有侧窗和天窗的一些优点，但由于层高限制采光面积比较小，对于活动室、卧室、音体室等窗地面积比要求较高的房间较难达到理想的采光效果，一般用于如卫生间、厨房、储藏间等辅助、供应用房，或为达到采光、通风、散热要求与其他形式共同使用。

- 对采光具有较大影响的因素，除窗的高低、大小、形状之外，还要考虑窗面材料的透光性能，此外，对幼儿房间还应注意明适应、暗适应和眩光等问题。

3）通风要求

- 通风的目的是通过空气的流动排出室内的污浊空气，送进室外的新鲜空气。在卫生要求上，除需供给一定量的新鲜空气外，还要保证有适宜幼儿身体健康的微小气候，包括气温、湿度和气流等，例如在炎热天气，室内需要流速较大的、温度较低的空气，在寒冷的天气，则需要流速较小的、温度较高的空气。室内微小气候的调节是与通风的形式和设置有密切的关系。

- 幼儿园的主要通风形式应是自然通风。自然通风是依靠风力和室内外温差的大小，产生不同的气流。为了加强自然通风，应加大通风窗口的面积，并使进风口与出风口相对布置，以形成直接、通畅的气流流动路线（图4-2）。

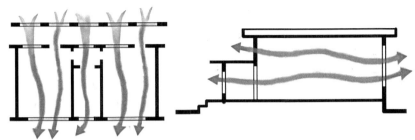

图 4-2 幼儿活动单元穿堂风组织分析图

- 幼儿园生活用房应有良好的自然通风。厨房、卫生间等均应设置独立的通风系统。主要房间内的计算温度及每小时换气次数依照《托儿所、幼儿园建筑设计规范》JGJ 39-87 规定不应低于表 4-4。

幼儿园主要房间内的计算温度及每小时换气次数　　表 4-4

房　间　名　称	室内计算温度（℃）	每小时换气次数(次)
音体活动室、活动室、寝室、办公室、医务保健室、隔离室	20	1.5
卫 生 间	22	3
浴室、更衣室	25	1.5
厨　　房	16	3
洗 衣 房	18	5
走　廊	16	

4）防止噪声要求

为了防止噪声对幼儿活动、休息的干扰，应将幼儿园生活用房布置在远离噪声源的位置，与建筑内厨房、洗衣间、空调机房等设备产生噪声的房间有一定距离，并且其围护结构应具有一定的隔声能力。《托儿所、幼儿园建筑设计规范》JGJ 39-87 规定："音体活动室、活动室、寝室、隔离室的室内允许噪声级不应大于50dB，间隔墙及楼板的空气声计权隔声量不应小于40dB，楼板的计权标准化撞击声压级不应大于75dB"。

5）热工要求

- 幼儿园的热工设计应与地区气候相适应，并符合《民用建筑热工设计规范》GB 50176-93 规定的分区及设计要求(表 4-5)。

建筑热工设计分区及设计要求　　　　　表 4—5

分区名称	分区指标		设计要求
	主要指标	辅助指标	
严寒地区	最冷月平均温度 ≤ −10℃	日平均温度 ≤ 5℃ 的天数 ≥ 145d	必须充分满足冬季保温要求，一般可不考虑夏季防热
寒冷地区	最冷月平均温度 0 ~ −10℃	日平均温度 ≤ 5℃ 的天数 90 ~ 145d	应满足冬季保温要求，部分地区兼顾夏季防热
夏热冬冷地区	最冷月平均温度 0 ~ 10℃，最热月平均温度 25 ~ 30℃	日平均温度 ≤ 5℃ 的天数 0 ~ 90d，日平均温度 ≥ 25℃ 的天数 40 ~ 110d	必须满足夏季防热要求，适当兼顾冬季保温
夏热冬暖地区	最冷月平均温度 > 10℃，最热月平均温度 25 ~ 29℃	日平均温度 ≥ 25℃ 的天数 100 ~ 200d	必须充分满足夏季防热要求，一般可不考虑冬季保温
温和地区	最冷月平均温度 0 ~ 13℃，最热月平均温度 18 ~ 25℃	日平均温度 ≤ 5℃ 的天数 0 ~ 90d	部分地区应考虑冬季保温，一般可不考虑夏季防热

● 冬季保温设计要求：

(1) 建筑物的体形设计宜减少外表面积，其平、立面的凹凸面不宜过多；

(2) 在严寒地区出入口处应设门斗或热风幕等避风设施；在寒冷地区出入口处宜设门斗或热风幕等避风设施；

(3) 建筑物外部窗户面积不宜过大，应减少窗户缝隙长度，并采取密闭措施；

(4) 外墙、屋顶、直接接触室外空气的楼板和不采暖楼梯间的隔墙等围护结构，应进行保温验算，其传热阻应大于或等于建筑物所在地区要求的最小传热阻；

(5) 围护结构中的热桥部位应进行保温验算，并采取保温措施。

● 夏季防热设计要求：

(1) 建筑物的夏季防热应采取自然通风、窗户遮阳、围护结构隔热和环境绿化等综合性措施；

(2) 建筑物的总体布置，单位的平、剖面设计和门窗的设置，应有利于自然通风，并尽量避免主要房间受东、西向的日晒；

(3) 建筑物的向阳面，特别是东、西向窗户，应采取有效的遮阳措施。在建筑设计中，宜结合外廊、阳台、挑檐等处理方法达到遮阳目的；

(4) 屋顶和东、西向外墙的内表面温度，应满足隔热设计标准的要求；

(5) 为防止潮霉季节湿空气在地面冷凝泛潮，幼儿园的地面下部宜采取保温措施或架空做法，地面面层宜采用微孔吸湿材料。

4.2.4 防火与疏散要求

1）幼儿园的耐火等级、长度和建筑面积要求

幼儿园的耐火等级、防火分区间最大允许长度和每层最大允许建筑面积应按《建筑设计防火规范》(GBJ 16—1987，2001年版)(表4-6)规定执行。因为幼儿园建筑属小型公建，规模相对较小，其长度和建筑面积一般不会超过规范规定。

民用建筑的耐火等级、长度和建筑面积　　表4-6

耐火等级	防火分区间	
	最大允许长度(m)	每层最大允许建筑面积(m²)
一、二级	150	2500
三　级	100	1200
四　级	60	600

注：1.建筑物的长度，系指建筑物各分段中线长度的总和，如遇有不规则的平面，有各种不同量法时，应采用较大值。
2.建筑内设置自动灭火系统时，每层最大允许建筑面积可按本表增加一倍，局部设置时，增加面积可按该局部面积一倍计算。
3.防火分区间应采用防火墙分隔，如有困难时，可采用防火卷帘和水幕分隔。
4.本表根据《建筑设计防火规范》(GBJ 16—87，2001年版)编制。

2）幼儿园建筑安全、疏散出口要求

● 幼儿园建筑安全出口的数目不应少于2个，但符合下列要求的可设一个：

(1) 幼儿园建筑中一个房间的面积不超过60m², 且人数不超过50人时, 可设一个门;

(2) 当幼儿园建筑耐火等级为一、二级, 并设有不少于2个疏散楼梯, 如顶层局部升高时, 其高出部分的层数不超过两层, 每层面积不超过200m², 人数之和不超过50人时, 可设一个楼梯, 但应另设一个直通平屋面的安全出口。

- 建筑中的安全出口或疏散出口应分散布置。
- 建筑中相邻2个安全出口或疏散出口最近边缘之间的水平距离不应小于5m。
- 活动室、寝室、音体活动室应设双扇平开门, 其宽度不应小于1.20m。疏散通道中不应使用转门, 弹簧门和推拉门。

3) 安全疏散距离要求

- 直接通向公共走道的房间门至最近的外部出口或封闭楼梯间的距离, 应符合表4-7要求。
- 房间的门至最近的非封闭楼梯间的距离, 如房间位于两个楼梯间之间时, 应按表4-7减少5.00m, 如房间位于袋形走道或尽端时, 应按表4-7减少2.00m。
- 幼儿园楼梯间的首层应设置直接对外的出口, 对外出口设置

安全疏散距离　　　　　表4-7

名称	房门至外部出口或封闭楼梯间的最大距离(m)					
	位于两个外部出口或楼梯间之间的房间			位于袋形走道两侧或尽端的房间		
	耐火等级			耐火等级		
	一、二级	三级	四级	一、二级	三级	四级
幼儿园	25	20	—	20	15	—

注: 1. 敞开式外廊建筑的房间门至外部出口或楼梯间的最大距离可按本表增加5.00m。
2. 设有自动喷水灭火系统的建筑物, 其安全疏散距离可按本表规定增加25%。
3. 本表根据《建筑设计防火规范》(GBJ 16-87, 2001年版)编制。

离楼梯间不超过15m。

● 不论采用何种形式的楼梯间,房间内最远一点到房门的距离,不应超过表4-7中规定的袋形走道两侧或尽端的房间从房门到外部出口或楼梯间的最大距离。

4）楼梯、走道要求

● 建筑中的楼梯、走道及首层疏散外门的各自总宽度,均应根据疏散人数,按不小于表4-8规定的净宽度指标计算；

● 楼梯的最小宽度不应小于1.1m,主体建筑走廊净宽度不应小于表4-9的规定；

● 室内疏散楼梯宜设置楼梯间,疏散楼梯间在各层的平面位置不应改变；

楼梯门和走道的净宽度指标（m／百人）　　　　表4-8

层 数	耐 火 等 级		
	一、二级	三级	四级
一、二层	0.65	0.75	1.00
三　层	0.75	1.00	—
四　层	1.00	1.25	—

注：1.每层疏散楼梯的总宽度应按本表规定计算。当每层人数不等时,其总宽度可分层计算,下层楼梯的总宽度按其上层人数最多一层的人数计算。
2.每层疏散门和走道的总宽度应按本表规定计算。
3.底层外门的总宽度按该层或该层以上人数最多的一层人数计算,不供楼上人员疏散的外门,可按本层人数计算。
4.本表引自《建筑设计防火规范》(GBJ 16—87, 2001年版)。

走廊最小净宽度（m）　　　　表4-9

房间名称	双面布房	单面布房或外廊
生活用房	1.8	1.5
服务供应用房	1.5	1.3

注：本表引自《托儿所、幼儿园建筑设计规范》(JGJ 39—87)。

- 在幼儿安全疏散和经常出入的通道上，不应设有台阶，必要时可设防滑坡道，其坡度不应大于1∶12；
- 楼梯、扶手、栏杆和踏步应符合下列规定：

(1) 楼梯除设成人扶手外，并应在靠墙一侧设幼儿扶手，其高度不应大于0.60m；

(2) 楼梯栏杆垂直线饰间的净距不应大于0.11m，当楼梯井净宽度大于0.20m时，必须采取安全措施；

(3) 楼梯踏步的高度不应大于0.15m，宽度不应小于0.26m；

(4) 在严寒，寒冷地区设置的室外安全疏散楼梯，应有防滑措施。

4.2.5 合理的结构选型

幼儿园的结构选型要求符合结构简单、安全可靠、施工方便、经济适用等原则。当前，我国城市幼儿园普遍采用砖混结构和钢筋混凝土框架结构两种结构体系。

1) 砖混结构

- 砖混结构是墙体作为承重构件，配合以钢筋混凝土梁板形成结构体系，其特点是外墙和内墙同时起着支承上部结构荷载和分隔建筑空间的双重作用，适合于空间不太大、层数不太多的中小型民用建筑。
- 建筑采用砖混结构在进行空间组合时，应注意以下几点要求：

(1) 结合建筑功能和空间布局的需要确定承重墙布置方式为纵墙承重或横墙承重。并应使承重墙的布置保证墙体有足够的刚度。

(2) 上下层承重墙应尽可能对齐，开设门窗洞口的大小应控制在相关规范规定的限度内。

(3) 墙体的高厚比即自由高度与厚度之比，应在合理的允许范围之内。如120mm厚墙的高度不能超过3m，并不能作承重墙考虑等。

- 采用砖混结构的优缺点：砖混结构的优点是经济性强，施工方便，建筑形体可以曲折多变，易产生体量小巧，灵活丰富的建筑造型；缺点是内部空间分隔很难灵活布置，房间进深开间有一定限制，空间封闭性太强，很难形成大面积的开放形空间，因为承重墙承重、刚度要求限制难以大面积和灵活地开窗，对采光、通风及立面造型处理都有不利影响。

2）框架结构

- 框架结构是采用钢筋混凝土柱和梁作为承重构件，而分隔室内外空间的围护结构和内部空间的分隔墙均不作为承重构件，这种使承重系统与非承重系统明确分工是框架结构的主要特点。
- 框架结构的经济跨度一般为 4~6m 乘以 6~8m，梁高为跨度的 1/10~1/12；柱网排布宜规整，跨度一致。
- 框架结构为建筑外貌配置大面积玻璃窗创造了条件，建筑的内部空间组合亦获得较大的灵活性，可以根据功能需要将柱、梁等承重结构确定的较大空间，进行二次空间组织，空间可开敞、半开敞或封闭。空间形状亦可随意分隔成折线或曲线形等不规则形状；但框架结构较砖混结构造价略高，如果梁的高度、位置处理不当会直接影响到层高和室内空间效果。

4.2.6　符合儿童建筑特点

建筑平面组合是一项全面的、综合性的空间组织工作，它不仅局限于平面的功能组合、分区，同时也是确定建筑造型、空间的特色的主要因素。因此要从总体到细部予以综合考虑，使其内外空间和谐统一。在适应周围环境的条件下，通过组合不同的建筑平面形式，结合建筑材料、结构特征、色彩运用、建筑小品设置以及其他手法的运用，使建筑室内外的空间组合形象达到活泼、灵活，尺度适当、简洁明快等效果，创造符合幼儿生活的环境气氛，反映出具有"童心"特征的建筑的特点。

4.3 幼儿园建筑平面的组合形式

4.3.1 影响幼儿园建筑平面的组合形式的因素

幼儿园的建筑平面组合方式是多种多样的，影响因素主要有两方面：一方面是幼儿园建筑本身的规模、性质、教学方式等内部要求的因素；另一方面是城镇规划要求、地形、气候等外部条件的因素，具体体现在：

1) 幼儿园的规模

当幼儿园规模较小时，房间组成数量少，建筑布局比较简单，基本采取集中式布局，甚至一幢楼就可解决；当幼儿园规模为大型时，班级数量相应增多，为了减少相互之间的干扰，建筑布局所考虑的影响因素就比较复杂。

2) 幼儿园的受托方式

全日制与寄宿制幼儿园因为幼儿在园时间、活动内容及幼儿园管理要求在某些方面是有差别的，所以对于各自的房间组成及其相互关系要求也不尽相同，反映在建筑布局上就相应有所不同。

3) 建筑层数的限制

前文讲述过，从幼儿年龄和生理特点及安全角度考虑，幼儿园建筑合理的层数宜采用两层或局部三层，规范要求最多不超过三层，因此，规模较大幼儿园的建筑布局只能向水平方向发展。

4) 用地条件

用地形状、大小、坡度等条件都将直接影响建筑布局的方式。如当用地偏紧时，建筑布局一般比较集中，而不能自由发展，相反则可采用分散、灵活的布局形式；在地形有高差时，建筑布局必须与地形的变化密切结合，因地制宜地合理划分台地的大小与高差。

5) 环境条件

幼儿园周围环境的优劣也会影响建筑布局的方式。如当幼儿园周围有噪声、烟尘、气味等污染源时，建筑布局应与其保持适当的安全距离，并采取必要的防护措施，或将建筑主要房间布置在常年主导风向的上风方向；当幼儿园面临优美景观，在进行建筑平面组合时要注意利用借景、对景等手法提高主要房间的空间质量。

6）气候条件

严寒地区和寒冷地区为了防风御寒常采用集中式建筑布局，而温暖地区和炎热地区为了通风降温一般采用自由开敞的建筑布局。

7）幼儿教育观念

不同教育理论、教学课程对幼儿园建筑布局也有不同的要求，如幼儿园教育小学化的倾向使得建筑布局采用封闭的班组单元形式；科学的幼儿教育观让幼儿的天性在自由相互交往中得到充分发展，故而相应的建筑布局也应是灵活多变的开放型布局。

4.3.2 平面组合形式的分类

从房间组合的内在联系方式角度对各种布局形式的特点进行归纳，可分为下列组合方式。

1）廊式

主要以走廊联系房间的方式，还可进一步分为并联式和分枝式。

2）厅式

以大厅联系房间的方式，风车式、放射式等都可以形成厅式组合方式。

3）分散式

按功能不同自由灵活地将平面组织成若干独立部分，分幢分散建造的。

4）院落式

以庭园为中心，用内庭院或连廊联系各种房间，具体有四合院式、圆环式等。

5）混合式

兼用以上各种形式形成变化丰富的平面组合形式。

幼儿园的建筑平面组合形式多样，由不同角度划分平面组合形式类型也种类繁多，以活动单元的组合形式来分，有单元式组合和非单元式组合；以平面形式来分，有一字形、曲尺形、六边形、圆形、风车形等；还有笼统分为分散式和集中式的。

4.3.3 各种平面组合形式的特点

1）廊式

廊式组合是民用建筑中大量采用的一种布局方式，廊式幼儿园平面组合中，由于规模、用地形状、环境以及气候条件等不同，还可布置成比较集中的并联式和比较伸展的分枝式。

● 并联式：是以走廊将若干活动单元并列连接呈一字形、锯齿形、弧形等。并联式有外廊式和内廊式两种形式。

（1）内廊式即将主要的房间如幼儿生活用房布置在朝向较好的一面，次要的服务、供应用房、楼梯间等布置在朝向较差的一面，中间以内廊联系各个房间。该形式各类用房全部集中组织在一起，优点是走廊所占的面积相对比较少，建筑进深较大，平面紧凑、外墙长度较短、保温性能较好，在寒冷地区对冬季保暖较为有利。但要注意房间之间相互隔离，否则处理不当容易产生幼儿生活用房与服务、供应用房之间的相互干扰。此外还应处理好内廊的采光和合理地组织好房间的通风。图4-3所示为内廊式4班幼儿园（北京市建筑设计院）。

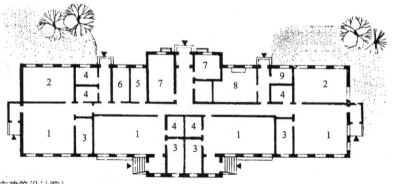

图4-3 内廊式4班幼儿园（北京市建筑设计院）
1—活动室；2—寝室；3—卫生间；4—储藏室；5—医务保健室；6—隔离室；7—办公室；8—厨房；9—洗衣房

(2) 外廊式即走廊位于建筑一侧，房间单面布置在朝向较好的一面。该形式的主要优点是几乎可使全部房间朝向好的方位，获得良好的通风、采光，适于南方炎热地区。走廊除可作交通联系外，尚可兼作其他用途。但这种布局容易造成过长的走廊，偏大的交通面积，过小的建筑进深等缺点。图4-4所示为外廊式6班幼儿园（辽宁省辽阳石化总厂幼儿园）。

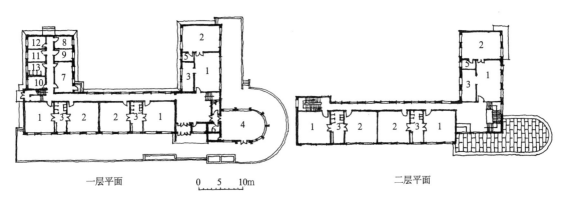

图4-4　外廊式6班幼儿园（辽宁省辽阳石化总厂幼儿园）
1— 活动室；2— 寝室；3— 卫生间；4— 音体活动室；5— 储藏室；6— 教具室；7— 厨房；8— 洗衣房；9— 库房；10— 办公室；11— 医务保健室；12— 隔离室；13— 教职工厕所

(3) 在幼儿园平面组合时可根据使用的要求，自然条件的具体状况采取将外廊式和内廊式两种方式结合在一起，扬长避短，充分发挥两种布局的优点。

● 分枝式：是用走廊将行列的若干幼儿活动单元像树枝一样串联起来，也称为串联式。幼儿活动单元可在走廊的一侧，也可较为经济地交错布置在连廊两侧。每一"枝"以一个活动单元为佳。

此种布局的突出优点是每班可自成一区，功能分区比较明确，卫生隔离较好。每个活动单元都有良好的朝向、采光、通风。而且，活动单元之间的间距可作为班级游戏场地，使用与管理均方便。缺点是交通面积较大，交通流线较长；平面曲折、拐角较多则相应地暗房间也会增多，为此可在拐角处或伸长的走廊部分，结合楼梯间、活动廊、衣帽间等功能需要予以利用。图4-5所示为分枝式幼儿园（石家庄煤矿机械厂幼儿园）。

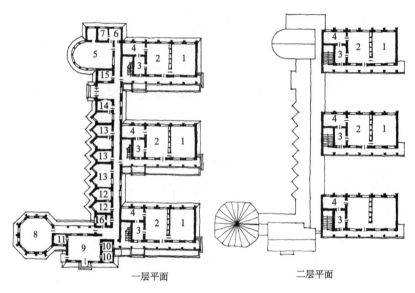

一层平面　　　　　二层平面

图 4-5　分枝式幼儿园（石家庄煤矿机械厂幼儿园）
1— 活动室；2— 寝室；3— 收容室；4— 卫生间；5— 乳儿室；6— 哺乳室；7— 配乳室；8— 音体活动室；9— 厨房；10— 库房；11— 更衣休息室；12— 医务隔离室；13— 教师办公室；14— 总务办公室；15— 教师值班室；16— 教职工厕所

2）厅式

是以大厅为中心联系各幼儿活动单元，这种形式一般没有冗长的走廊，各活动室都直接与大厅联系，有一侧、两侧、风车式、放射式连接。

厅式布局的优点是面积均较集中，联系方便，交通线路短捷。由于大厅是交通枢纽，通常需设一定面积，因此可利用中心大厅为多功能的公共面积，如作为游戏、集会、演出等用途。缺点是由于房间围绕大厅，往往大厅采光不佳，相应对自然通风也有影响，因而多设置中庭采用高侧光或顶光。此外如果处理不当，还可能造成供应用房对幼儿活动单元的不利影响。图 4-6 所示为厅式幼儿园（法国土鲁斯市幼儿园）。

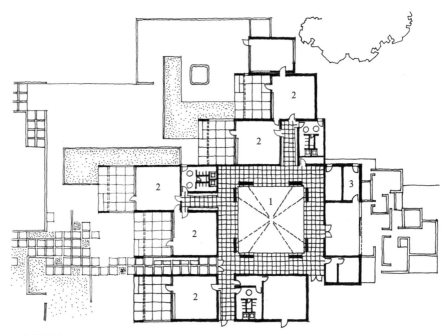

图4-6 厅式幼儿园（法国土鲁斯市幼儿园）
1—中央大厅；2—教室；3—办公室

3）分散式

将各功能不同的房间在满足使用要求情况下，灵活自如地分散布置在庭院中间。分散式布局的优点是在不规则地形内能更好地与环境结合，尺度小巧，形式不受一定平面构图的限制，表现出更为灵活的手法，更能突出幼儿园建筑的活泼个性，采光和通风比较容易解决。缺点是各功能房间相互间稍有干扰，相互间联系很不方便，造成管理上和能源的浪费。特别是在北方地区，冬季经由庭院或露天走廊到各房间有些不利。

4）院落式

以内庭院为中心。庭园内部空间安静、尺度适宜、围合感强，可建良好的户外游戏场地，也可布置各种幼儿活动设施。同时庭院兼有通风和采光的作用。院落式组合中基本分为两类：封闭式庭院和半封闭式庭院。其庭院的平面有多种形式，如方形、矩形、圆形、椭圆形、多边形等。图4-7所示为院落式幼儿园（德国曼海姆·瓦路特后蒲儿童之家）。

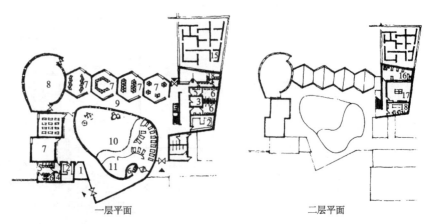

图 4-7 院落式幼儿园（德国曼海姆·瓦路特后蒲儿童之家）
1—保育员室；2—衣帽室；3—库房；4—浴室；5—洗脸间；6—厕所；7—保育室；8—游戏室；9—联络道路；10—游戏场地；11—匍匐室；12—厨房；13—橱柜；14—职员室；15—迷路；16—读书室；17—乒乓球室；18—工作室

● 封闭式庭院的外部干扰较少，但庭院内部则干扰较大。在日照方面，存在一部分方位不良的房间，同时在庭院内阴影区较多。此外对组织穿堂风有一定影响，但如采取通透的平面格局也可以解决穿堂风的问题。对日晒严重的地区，窄狭的庭院可取得阴凉的效果，从而可改善院内小气候，对防止太阳辐射热有利，但对相近两侧的班级互相影响较大。因此多利用庭院内绿化或搭设凉棚解决日晒问题。图4-8所示为封闭式庭院幼儿园（石家庄地区直属机关幼儿园）。

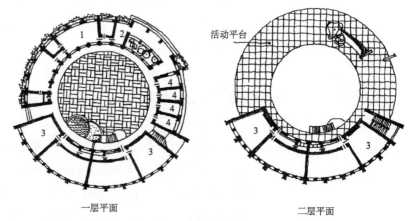

图 4-8 封闭式庭院幼儿园（石家庄地区直属机关幼儿园）
1—托儿班；2—哺乳室；3—幼儿班；4—办公室

- 半封闭式庭院，与封闭式庭院相比更有利于组织通风和避免全封闭感。图4-9所示为半封闭式庭院幼儿园（四川省实验幼儿园）。

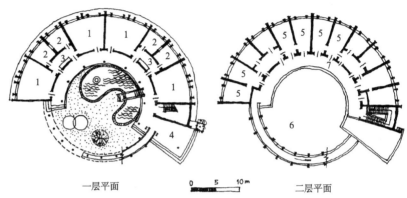

图4-9 半封闭式庭院幼儿园（四川省实验幼儿园）
1—活动室；2—餐室；3—卫生间；4—门厅；5—寝室；6—坡道廊；7—平台

5）混合式

实际上多数规模较大，内容组织完全的幼儿园，平面组合形式很难完全由某种组合形式所单独形成，往往兼有走廊、大厅和庭院等多种方式组成，即"混合式"组合。任何组合方式，都不可能尽善尽美地解决所有问题，要根据对象，具体地研究，充分发挥组合形式的优点，克服缺点，较合理地综合解决所存在的问题。

4.4 幼儿生活活动单元设计

幼儿生活活动单元是将幼儿一日活动中联系最密切的房间组合在一起,是每个班独立的生活活动空间。基本上包含了幼儿们学、玩、吃、饮、睡的主要内容。在幼儿生活中,这里是他们的又一个"家"。

4.4.1 幼儿生活活动单元的分类、房间组成及特点

按照不同的教育理论和教育方式,幼儿生活活动单元分单组式活动单元及多组式活动单元两种。

1) 单组式活动单元

● 单组式活动单元是为了合理、科学地对幼儿进行保育、教养,达到方便地管理以及预防疾病的要求,将幼儿日常生活中的主要房间组合在一起,形成了每个幼儿班组自成一体的格局,是我国目前全日制幼儿园大量采用的方式。

● 单组式活动单元的房间组成:一般包含了活动室、卧室、卫生间、班组活动场地、衣帽间、贮藏间,更完善的单组式活动单元还应有教师专用小间、面积不大的茶点间等。

● 单组式活动单元的特点:每班独立使用一套用房及家具、设备,强调各班之间自成体系、互不干扰,有利于严格按卫生防疫要求进行隔离,避免幼儿之间的交叉感染,可以按年龄特点对各年龄段的幼儿分别进行有针对性的启蒙教育。但是,这种单组式活动单元限制了不同年龄幼儿的互相交往,形成对幼儿按同一模式在固定的班组内进行幼儿教育,不利于幼儿个性的发展。

2) 多组式活动单元

● 针对单组式活动单元封闭,缺少可变性,过于模式化的空间形态等缺陷,现代化开放型教育理论提倡将不同年龄的幼儿可以分组,合组进行活动,让不同年龄的幼儿在合理的活动接触中,促进幼儿的智力发展,培养集体生活的习惯和集体精神。这种幼儿教育方式导致了幼儿园幼儿生

活活动单元从相对独立的专组活动空间，向公共开放的合组活动空间发展，形成了多组式活动单元模式，促进了幼儿园建筑设计的更新。多组式活动单元有按不同年龄分开设置和按不同年龄混合设置两种形式。

- 多组式活动单元的房间组成：

(1) 按不同年龄分开设置。按幼儿年龄分组，分设若干个专用活动室、衣帽间、卫生间，和活动室相毗连的若干个较大的游戏室作为各年龄组的公共活动室。

(2) 按不同年龄混合设置。按幼儿年龄分组设若干个专用活动室，并共用一个较大的游戏室及公用卫生间、衣帽间。

- 多组式活动单元的特点：强调幼儿个性的发展，在按幼儿年龄特点分组的基础上，幼儿可以自由地、自主地、和谐地开展各项活动，可保证不同年龄班级相对独立，又加强了幼儿之间的相互交往，便于引导他们开展小组交流，互相帮助；但在避免幼儿交叉感染问题上不如单组式活动单元有利。

4.4.2 幼儿生活活动单元的平面组合

幼儿生活活动单元是幼儿生活、活动的基本空间。幼儿生活活动单元的平面组合是幼儿园建筑设计中一项非常重要的内容，直接关系到幼儿身心能否健康成长和保教工作的科学合理性。

1) 幼儿生活活动单元功能关系

- 单组式活动单元功能关系：单组式活动单元作为一个完整的独立体，包含了活动部分——活动室、睡眠部分——卧室和辅助部分——卫生间、衣帽间、贮藏。其中，衣帽间宜紧靠近活动单元的入口，活动室是活动单元最主要空间，而卫生间与活动室和卧室都有着紧密的联系。图4-10所示为单组式活动单元的功能关系。

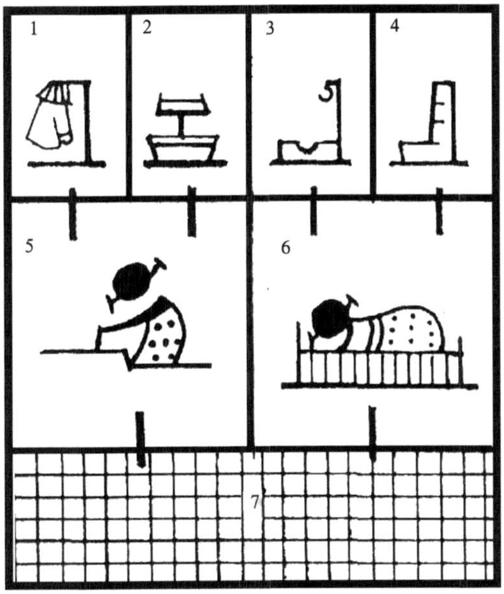

图4-10 单组式活动单元的功能关系
1-衣帽间；2-盥洗室；3-厕所；4-贮藏室；5-活动室；6-寝室；7-班户外活动场地

- 多组式活动单元功能关系：多组式活动单元是区别于单组式活动单元的另一种单元组合形式，反映了幼儿园教学方法由传统的只重视知识的传授、忽视幼儿个性发展的"注入式"，向以幼儿为中心，提倡个性化的"开放自主式"发展的趋势。多组式活动单元包含若干专用活动室，由一个较大的共用游戏室联系在一起，并设共用卫生间、衣帽间，形成一个大活动单元。一座幼儿园就是由若干这样大的多组式活动单元构成。多组式活动单元可以利用游戏室兼作午睡间，省去单组式活动单元的卧室，从而大大节约建筑面积。图4—11所示为按不同年龄分开设置的多组式活动单元的功能关系；图4—12所示为按不同年龄混合设置的多组式活动单元的功能关系。

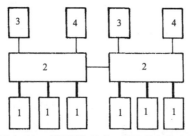 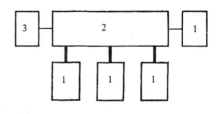

图4—11 按不同年龄分开设置的多组式活动单元的功能关系
1—活动室；2—游戏室；3—衣帽间；4—卫生间

图4—12 按不同年龄混合设置的多组式活动单元的功能关系
1—活动室；2—游戏室；3—卫生间

2) 幼儿生活活动单元的设计原则

- 各活动单元应有自己的单独出入口，以满足幼儿的卫生防疫要求，避免疾病的交叉感染，并减少外界对各班的干扰。
- 活动单元的组合应以活动室或游戏室为中心布置其他房间；卧室应靠近活动室并与之有直接、方便的联系。
- 单元内各空间应有良好的采光、通风条件，活动室、游戏室应处于当地最佳朝向，满足日照要求。
- 卫生间宜靠近单元出入口或班活动场地，并兼顾幼儿在活动室和卧室或游戏室时都能方便的使用。
- 活动单元内各主要空间应联系紧密，并有一定的通透性，便于保教人员更好地监护在各处活动的幼儿。

- 活动单元的设计应为幼儿使用的灵活性及个性活动创造有利条件。
- 活动单元平面布置应紧凑，尽量减少不必要的交通面积和无用空间。

3) 幼儿生活活动单元组合方式及其特点

幼儿生活活动单元组合方式按各房间的联系方式可分为穿套式、走廊式、分层式三种。

- 穿套式：活动室或游戏室与卫生间、贮藏间相套，卧室又与活动室套穿布置。穿套式活动单元的优点是布局紧凑，使用方便，便于管理，利于保温，结构简单，但卫生间、贮藏室与活动室相套会影响活动室或游戏室的通风、采光，厕所内的臭气易窜入其他房间。
- 走廊式：活动室、卧室、游戏室、卫生间、贮藏间等幼儿基本生活空间均独立设置，并通过走廊或厅联系各个基本空间。走廊式活动单元各房间相对独立，与穿套式相比，采光、通风、日照均容易满足要求，但房间进深浅，面宽长，交通空间所占面积较大。
- 分层式：幼儿基本生活空间分楼层设置，均通过楼梯厅（间）联系，常用空间如活动室、游戏室、卫生间等布置在底层，使用频率低的卧室等则设在楼上。分层式各单元空间独立性强，卧室设在二层较安静，缺点是占用面积较大，使用中幼儿上下楼不方便。

图 4-13 所示为幼儿生活活动单元的几种布置示意图。

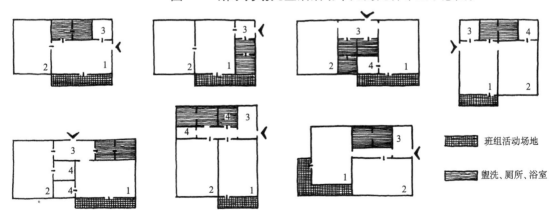

图 4-13 幼儿生活活动单元的几种布置示意图
1— 活动室；2— 寝室；3— 衣帽间；4— 储藏

4.5 幼儿园建筑平面实例分析

4.5.1 杭州采荷小区幼儿园

(1) 设计者：杭州市城建设计院。

(2) 基地面积：1473m²。

(3) 规模：7班。

(4) 资料来源：《托、幼建筑设计》。

(5) 布局："L"形的建筑沿着基地的两边展开，形成半包围的室外空间，且通过外廊形成了内外空间的交流，很好地处理了建筑与基地的空间关系。但是弧形的介入也使得基地面积利用得不是很充分，导致活动场地的设置不能很好地达到相关规范的要求。楼梯间将"L"形分隔成弧形与条形两部分，分别安排生活用房与供应办公用房。

(6) 功能：外廊的使用适合南方的气候，整个交通都以一条外廊组织，清晰明确、简洁顺畅。

(7) 空间：音体教室下面架空通透，丰富了室外空间。班单元外弧线外廊局部扩大，创造了较为适宜的停留空间，如果能与班单元的出入口密切结合会更好。

图 4—14 所示为杭州采荷小区幼儿园首层平面图。

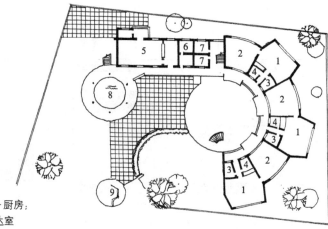

图 4—14 杭州采荷小区幼儿园首层平面图
1—活动室；2—寝室；3—卫生间；4—衣帽间；5—厨房；
6—洗衣室；7—教职工厕所；8—戏水池；9—传达室

4.5.2 石家庄联盟住宅小区幼儿园

(1) 设计者：清华大学建筑学院、石家庄建筑设计院。

(2) 基地面积：5700m²。

(3) 建筑面积：2947m²。

(4) 规模：10班。

(5) 资料来源：《托幼建筑设计》。

(6) 布局：大厅是功能与流线的枢纽，其不规则的形态正是适应各种要求的折中。大厅的南北两端分别设置对内与对外的出入口，并方便地与垂直交通联系。三条单内廊从大厅的不同部位向东西伸出，两条较长的组织起两层十个班单元，房间位于南侧，一条短的组织起办公用房，房间位于北侧。南端入口处通过一个短而宽的廊联系面积最大的房间——音体教室。供应用房位于向西伸出的两条走廊之间，通过办公的走廊与整个建筑联系，通过一个梯形的内院与大厅分离，既解决了厨房配餐的采光，又增加了大厅采光。

(7) 功能：多边形的活动室与旋转的音体教室，既适应了周边道路的走向，又使房间接近于正南正北的朝向。班单元功能流线组织合理，班级活动场地安排得当。由于与入口和音体教室连在一起，西支班单元可用地面空间有限，通过利用屋顶平台得到了解决。

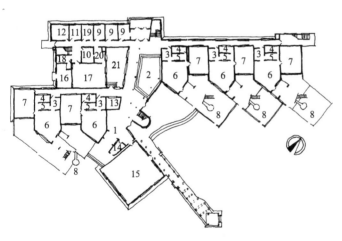

图4-15 石家庄联盟住宅小区幼儿园首层平面图
1-入口；2-下沉多功能厅；3-衣帽间；4-厕浴；5-洗手间；6-活动室；7-寝室；8-沙坑；9-办公室；10-库房；11-消洗衣房；12-休息室；13-贮藏室；14-教具室；15-音体室；16-烧火间；17-厨房；18-开水间；19-教职工厕所；20-备餐间；21-内院

(8) 空间：大厅的形态虽然不规则，但是通过柱子、高差的变化及通高空间的设置，明确限定了活动空间和交通空间。内院的尺度较小仅适于布置景观而不能成为活动空间。四部楼梯，在解决交通与疏散的同时，形态上也有所差别，创造了不同的空间体验。

图4-15所示为石家庄联盟住宅小区幼儿园首层平面图。

4.5.3 沈阳小哈津幼儿园

(1) 设计者：马涛、李颖、高麈，沈阳华新国际工程设计顾问有限公司。

(2) 竣工时间：2004年。

(3) 建筑面积：3030m²。

(4) 规模：11班。

(5) 资料来源：《时代建筑》(2004-2)。

(6) 布局：在现实的工程案例中，用地紧张，难以满足相关规范规定的室外活动场地面积要求的情况并不少见，这给设计师带来了很大限制，也提出了难以应对的挑战。该基地位于住区内一十字路口的西北地块，西侧和北侧都是住宅楼，用地面积不足4000m²，方案布局上满足儿童生活用房的日照，避免对北侧住宅楼的遮挡，并形成了一个内向的院子，将音体活动室布置在街角处为创造视觉焦点提供条件。场地在南北道路上设置两个出口，分别对应建筑的两个主要出口，北侧场地出口能够较方便地与位于建筑北端的供应用房出入口相通。由于用地紧张，在布局上没有考虑每个班级的户外活动场地，是一个明显的不足。另外院子被建筑围住，虽然内向安静，但是必然冬季少阳，夏季遮荫又不足。

(7) 功能：如果不计中庭空间，这是一个单廊组织的半包围平面，在两个端部和两个拐角处设置垂直交通，满足疏散要求。北侧两个半单元交通的组织不是很独立，穿过中庭或者办公用房。班单元活动室、寝室同在一个空间，设计两个出口，严格遵守相关规范。

(8) 空间：中庭位于平面构成中心，是一个很好的室内活动空间，中庭朝向内院，形成建筑内外良好的呼应。但是由于西向，一天中多半时间中庭的日照不是很充分，影响了中庭空间的作为建筑中心的体验，虽然采用完全的玻璃幕墙，只是对采光有所改善，加强了与室外空间的呼应，却没有创造出明朗活泼的主体空间。建筑主入口空间，设置在音体活动室下方，配合间断的曲墙面、宽阔的平台形成了由外到内的空间层次的变化。门厅空间较宽敞，"L"形的室外平台较为宽阔，合理组织了台阶和坡道，便于人员集散和等候。

图4-16及图4-17分别为沈阳小哈津幼儿园首层平面图及二层平面图。

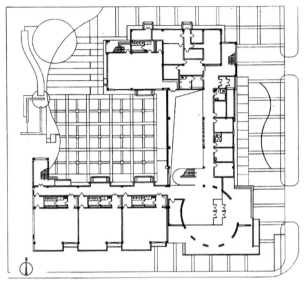

图 4—16 沈阳小哈津幼儿园首层平面图

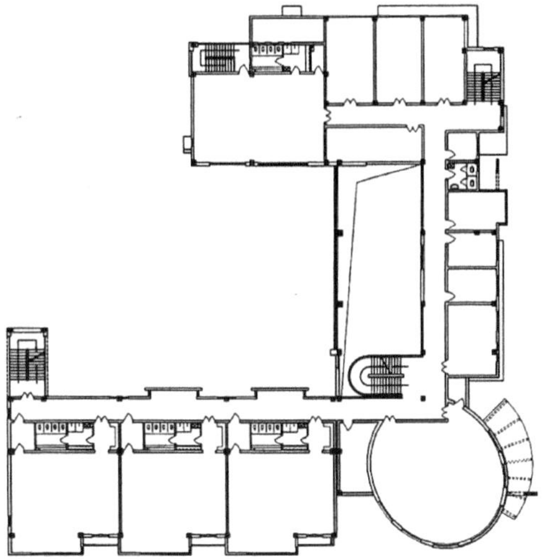

图 4—17 沈阳小哈津幼儿园二层平面图

4.5.4 南方 6 班幼儿园

（1）设计者：黎志涛，东南大学建筑系；曹蔼秋，南京市规划设计院。

（2）基地面积：2700m²。

（3）建筑面积：1742m²。

（4）规模：6 班。

（5）资料来源：《幼儿园建筑设计图集》，东南大学出版社。

（6）布局：基地位于十字路口的东北地块，分别在两条街上设置两个场地出入口。建筑沿基地的北部和西部布置，形成了一个南向场地。生活用房坐北朝南在基地北部，有充足的采光，通风良好。供应用房在用地的西北角，通过杂物院与辅助的场地出入口相连。办公房间在场地的西南，对着场地的主要出入口，通过廊与北部的建筑相连。

（7）功能：该方案班单元设计十分经济，在 90m² 的空间里合理细致地布置了班单元的功能内容。每层两个班级的活动区域之间设置活动隔断，既满足分班活动的要求，又为开展合班教学提供了良好的支持。但是灵活的空间划分的代价是失去了活动区唯一完整的墙面，不便于满足张贴悬挂等教学活动的需要。班单元活动场地的布置各得其所，每个班级都有独立的活动场地，一层利用室外地面，二层利用厨房与音体教室的屋顶（利用厨房屋顶作为活动场地，应考虑油烟排放），三层利用办公用房的屋顶。

（8）空间：空间平实紧凑，显示了较高的效率性。班单元的外廊离开班单元墙面一定距离，既"减少对室内采光和通风的影响"，又"增加走廊空间的丰富感"，但是这种丰富性表现得有些不够，在整体的空间营造上缺乏印证。在走廊与楼梯的设计中有意识地创造了对景，但对所看景物本身有欠考虑。

图4-18~图4-20所示分别为南方6班幼儿园首层平面图、二层平面图及三层平面图。

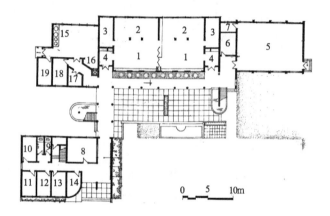

图4-18 南方6班幼儿园首层平面图
1—活动室；2—寝室；3—卫生间；4—衣帽间；5—音体室；6—教具储藏；7—储藏；8—晨检兼接待；9—教职工厕所；10—行政储藏；11—值班；12—保育员休息室；13—保健；14—传达室；15—厨房；16—备餐；17—开水间；18—炊事员休息室；19—库房

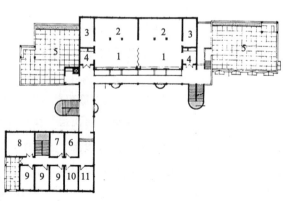

图4-19 南方6班幼儿园二层平面图
1—活动室；2—寝室；3—卫生间；4—衣帽间；5—屋顶平台；6—陈列室；7—教学储藏；8—资料兼会议；9—教师办公；10—财会；11—园长

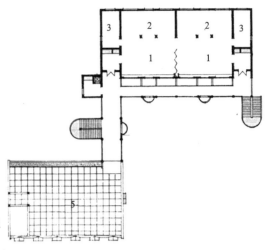

图4-20 南方6班幼儿园三层平面图
1-活动室；2-寝室；3-卫生间；4-衣帽间；5-屋顶平台

4.5.5 南方9班幼儿园

（1）设计者：金维俊，东南大学建筑系。

（2）基地面积：3855m^2。

（3）建筑面积：2340m^2。

（4）规模：9班。

（5）资料来源：《幼儿园建筑设计图集》，东南大学出版社。

（6）布局：方案采用较分散的布局，用外廊连接各个房间，建筑围合出大小不同的庭院，建筑与用地边界之间也形成了大小不同的室外空间，这些室外空间布置成各种活动场地或创造主要的景观，使得该方案形成了室内外空间的交融，较好地解决了采光和通风的问题。供应用房和办公用房靠近基地的东侧布置，主入口设置在生活用房和辅助空间之间，另有出入口和通道与厨房相连。局部有二层。

（7）功能：班单元活动室与寝室合二为一，面积为92m^2，沿盥洗区墙面设置上下层通铺作为寝区，其余为活动空间。在用地与面积紧张的情况下，是一种较为合理解决方法。

（8）空间：通过转折、错位、与建筑分离的手法，外廊空间有较多的变化，但并没有增加流线的迂回，空间之间的联系依然便捷。

图4-21及图4-22所示分别为南方9班幼儿园一层平面图及二层平面图。

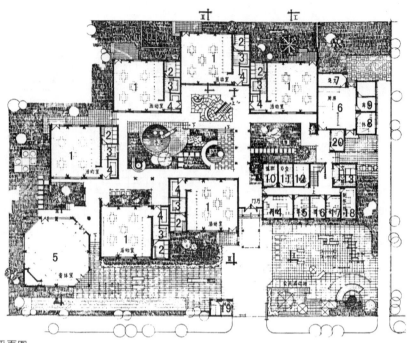

图 4-21 南方 9 班幼儿园一层平面图
1—活动室兼寝室；2—厕所；3—盥洗室；4—衣帽间；5—音体室；6—厨房；7—烧火间；8—炊事员休息室；9—库房；10—值班；11—办公室；12—储藏；13—教职工厕所；14—晨检；15—保健；16—园长；17—财会；18—制作兼陈列；19—传达室；20—开水间

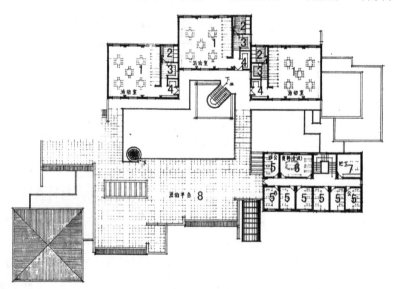

图 4-22 南方 9 班幼儿园二层平面图
1—活动室兼寝室；2—厕所；3—盥洗室；4—衣帽间；5—办公室；6—资料兼会议；7—储藏；8—屋顶平台

5 幼儿园建筑房间设计

5.1 幼儿生活用房设计要点

幼儿生活用房是幼儿园建筑的主要组成部分,幼儿入园后,大部分时间的活动如日常的教学、游戏、就餐、睡眠等都在各班的幼儿生活用房进行。幼儿生活用房在设计中,不仅应满足功能合理要求,也要注重卫生、安全、空间效果等要求。

5.1.1 幼儿活动室

1) 幼儿活动室的设计要求

- 幼儿活动室是幼儿日常进行各种室内活动的场所,是一个小型的多功能使用空间,活动室的空间尺度,活动室平面形式要能满足幼儿教学、游戏、活动等多种活动的需要;
- 要有良好的朝向、充足的光线和合理的通风等卫生条件;
- 活动室平面形式应活泼、多样、富有韵律感,以适应幼儿生理、心理的需求;
- 室内布置和装修要适合幼儿的特点;
- 在细部处理方面更要充分注意幼儿的安全。

2) 活动室的平面形式与尺寸

- 确定活动室的平面形式与尺寸要考虑下列因素:

(1) 每班容纳人数,这是确定房间大小的总前提。

(2) 要满足幼儿多种多样活动的需要。英国对3~7岁幼儿的学习生活与游戏活动,按其动与静,洁与脏分为七种:桌上作业(Table Work);室内游戏(Acting),如在室内扎营、医生看病等游戏活动;音乐舞蹈(Music);泥沙捏塑(Messy),用泥土、水、沙进行捏塑游戏;看、听、写、画(Quiet Work),安静地看书、写字、听讲故事;篷里运动(Moving Climbing),即在屋旁敞篷下进行运动量较大的跳跃、玩圈等运动;堆砌构筑(Construction),用大小积木塑造机器、房屋、船只等。根据上述这些游戏活动的特点,活动室应考虑使用时有必要的面积和适宜的房间形状。

(3)活动室常用的家具设备有玩具柜、教具作业柜、活动黑板、风琴、开饭桌等，有时还要放置饮水桶、口杯架等，设计时要有家具设备使用、存放面积。

(4)经济因素，既要基本上满足多种使用要求，又要使面积尽量紧凑，节约投资。

图5-1所示为活动室主要活动及相应的室内布置。

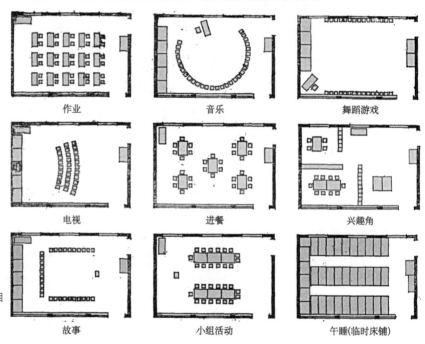

图5-1 活动室主要活动及相应的室内布置

● 活动室的平面形式：

(1)活动室的房间平面以长方形最为普遍，主要是因为矩形平面的结构简单、施工方便，与家具的形状及其布置方式易取得一致。而且空间完整，也容易满足使用要求。应注意矩形平面的长宽比一般不大于2:1，长:宽:高比例以3:2:1为宜，并且以长边作为采光面，更好地获得良好的日照、采光和通风。

(2)为了使活动室内部空间有一种活泼感，适合幼儿心理的特征，有时从幼儿园建筑总的设计意图出发，可以打破矩形活动室的格局，采用扇形、六边形、八边形及不规则形状等平面形式，以求幼儿园建筑的多样性。

但要注意当采用进深较大形状的活动室时,必须有双面采光,以免因进深过大而造成活动室采光不均匀、通风不畅和部分面积阳光照射不到。图5-2 所示为 Shirokane 幼儿园活动室的游戏空间。

3) 活动室的采光和通风

● 为使幼儿健康成长,创造良好的环境质量,活动室应明快、敞亮,有充足而均匀的天然采光。合理选择活动室的进深、窗口设置及平面布置方式是满足采光要求非常重要的条件:

(1) 进深大的活动室应尽量采用双面采光,单侧采光的活动室进深不宜超过 6.6m;

(2) 尽量减少窗间墙的宽度及适当提高层高,以增加窗口采光面积和照射深度;

(3) 楼层活动室设置的露台及阳台,不应遮挡底层生活用房的日照及采光;

(4) 有条件的活动室可设置天窗,但要注意构造处理。

● 活动室要有良好的通风条件:

(1) 为满足夏季的通风要求,活动室宜设为南北向房间;

(2) 应选择有良好通风的平、剖面形式;

(3) 尽量利用夏季主导风向及地区小气候组织穿堂风,使室内散热快,以减少闷热感;

(4) 在寒冷地区的冬季,应防止冷风直接侵入室内,注意解决活动室的保温及换气问题。

4) 活动室内的家具与设施设计

幼儿活动室内常用的家具、设备分教学类如桌椅、玩具柜、教具、作业柜、黑板及风琴等,以及生活类如分餐桌、饮水桶及口杯架等。

● 幼儿活动室家具、设备设计的一般要求:

(1) 应根据幼儿体格发育的特征,适应幼儿人

图 5-2 Shirokane 幼儿园活动室的游戏空间

体尺度、人体工学的要求;

（2）应考虑幼儿使用的安全和方便，应简洁、坚固、轻巧、便于擦洗;

（3）造型和色泽应新颖、美观，富有启发性和趣味性，以适应幼儿多种活动的需要;

（4）有效地利用空间，尽量减少家具、设备所占面积，以保证室内有足够的活动及游戏面积。

● 幼儿活动室的家具及设施：

（1）桌、椅：是幼儿开展日常活动所需要的基本家具，主要用于游戏、进食，较少用于上课，作业，也是决定活动室面积的主要因素。桌、椅的设计及尺寸应根据幼儿生理卫生，使用特点及大、中、小班不同年龄幼儿的正确坐姿等确定所需尺寸。我国《城市幼儿园工作条例》中规定幼儿园儿童桌、椅基本尺寸（表5-1）。桌、椅在适用的前提下，造型和色彩应尽可能富有童趣。表5-1所示为幼儿园儿童桌椅基本尺寸;表5-2所示为活动室内常用桌椅形式。

幼儿园儿童桌椅基本尺寸(cm)　　　　　表5-1

类别	家具部位	3~4岁 身长 94~104	4~5岁 身长 102~109	5~6岁 身长 108~117
桌	高	48	52	56
	长	100	106	106
	宽	65	70	70
	大班双人桌宽			38
椅	坐高	24	27	30
	坐深	28	29	31
	坐前宽	29	30	31
	坐后宽	27	28	29
	背高	25	28	31
	背斜度	3	3	3

活动室内常用桌椅形式　　表5-2

分类	形式	优缺点及组合形式	形式	优缺点及组合形式
按材料分	（木制椅子、木制桌子图）	木制桌椅取材方便，制作简单，造价低，但费木材	（钢木组合椅图）	钢木组合桌椅轻巧、坚固，造型新颖，但制作较木制家具复杂
按形式分	长方形	（长方形桌组合图）	方形	（方形桌组合图）
按形式分	曲尺形	（曲尺形桌组合图）	梯形	（梯形桌组合图）
按形式分	1/4圆形	（1/4圆形桌组合图）	1/4轮形	（1/4轮形桌组合图）
按形式分	积木凳	（积木凳使用图）		

注：该表引自黎志涛《托儿所幼儿园建筑设计》，东南大学出版社。

(2) 玩具柜、教具柜：玩具、教具柜形式较多，用于存放属于各班专用的玩具、教具和幼儿作业，是活动室不可缺少的常备家具，位置应置于幼儿能直接取用的部位，大多沿墙置，高度不宜超过1.8m，深度不宜超过0.20～0.30m。玩具柜还可用来划分不同的使用区域，一般都结合房间设计统一考虑，它既能存放物品，又可用以划分空间，使室内整齐美观。嵌墙壁柜是达到空间完整的另一种处理手法。例如利用房间凹角，或将隔墙加以不同处理做出壁柜，采暖地区也可利用暖气罩之间的空间做通长的玩具柜等。

(3) 图书架：以摊开封面放置为佳，高度也应符合幼儿使用的要求。

(4) 分菜桌：应位于活动室入口附近，用于放置饭桶、菜盆和开水桶。

(5) 水杯架：按卫生防疫要求，每一幼儿应独自使用水杯，因此，水杯架要有足够的存放小格，水杯架应位于开水桶附近。在寄宿制幼儿园中，可位于卫生间入口附近，便于早晚刷牙使用。由于水杯架要经常进行擦洗和日光消毒，宜做成活动式，便于随时搬出。

(6) 黑板：幼儿园的上课时间很少，需要在黑板上书写的时候要比中小学少得多，这就决定了黑板面积不需过大。一般为(0.60～0.70)m×(1.50～2.00)m，黑板底边距地0.50～0.60m。黑板有固定式和活动式两种。

(7) 展示板：幼儿最乐意展示自己的作品，可在活动室一面墙上设置展示板。

图5-3所示为活动室平面布置示意图；图5-4所示为北京汇佳幼儿园世纪园活动室；图5-5所示为北京汇佳幼儿园远洋园活动室。

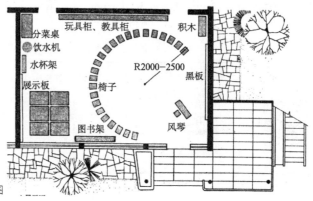

图5-3 活动室平面布置示意图

图 5-4 北京汇佳幼儿园世纪园活动室

图 5-5 北京汇佳幼儿园远洋园活动室

5.1.2 卧室

卧室主要供幼儿睡眠，功能比较单一。养成良好的睡眠习惯是促进幼儿身体健康的必要条件之一。因此，为保证幼儿充足的睡眠，幼儿园必须提供一个安静，舒适的睡眠空间。

1) 卧室的朝向、采光和通风要求

- 3~6岁的幼儿一般每天需午睡为2~2.5h，整日制幼儿园卧室的使用率较活动室低，朝向要求也不及活动室严格，但也要尽可能争取好的方位，多接受阳光照射。冬季不采暖而又较冷的地区和虽有采暖设备的严寒地区，卧室不应朝北设置，以免室温过低，特别是得不到一定的阳光紫外线照射，影响幼儿健康。炎热地区夏季要防止靠南向外窗的床位受阳光照射，宜采取出檐、遮阳等措施。

- 卧室的采光可低于活动室，为保证幼儿午睡时不受强烈光线的刺激，卧室的采光不应过量，且最好设置深色窗帘。

- 由于卧室内睡眠的幼儿多，如果长时间通风不良，不利于幼儿机体代谢，影响熟睡程度。特别是呼吸道传染病多发季节容易造成互相传染。因此，在确定合理的净高(不应低于2.8m)以保证卧室有足够的空气容量外，还要保证良好的通风条件，但注意要避免风直接吹到幼儿头部。

2) 卧室的布置与平面形式

- 卧室宜每班独立设置。其中，寄宿制幼儿园的卧室必须是独立的专用空间。

- 对于全日制幼儿园的卧室可有三种布置方式。

(1) 在活动单元内独立设置：这种布置方式可做到活动室与卧室功能分区明确，使用方便，易保持各自空间的独立整洁。但是，卧室仅为午睡用，使用率较低。

(2) 与活动室空间合并设置：这种布置方式空间开阔，可根据需要进行功能的调整。由于床具在活动空间明露，如果室内处理不当，易产生零乱，可增设灵活隔断加以改善。

(3) 活动室兼卧室：这种布置方式实际上是在活动室内临时搭设铺位解决幼儿午睡的问题，面积利用比较经济。但是，每天搭设铺位将会给保教人员增加工作量。

- 卧室的平面形式与活动室相比,由于家具布置的要求相对灵活性要小。由于床具为矩形,为考虑有效地使用面积,卧室一般以矩形平面为宜。其尺寸需根据每班床数及其布置方式而定,平均每床不小于1.6m²。
- 幼儿的卧具由于要定期进行日光消毒,卧室最好设置室外平台或阳台,以提供晒卧具的方便。

3) 卧室的家具设置与设施

- 贮藏间或壁柜:卧室内应附设贮藏间或壁柜以存放卧具,对于寄宿制幼儿园还应考虑存放每一幼儿衣物的面积。为便于存放整齐和避免乱拿,每一幼儿的衣物应在壁柜内占据一格。贮藏间或壁柜的位置最好在卧室入口附近,以便于保育员管理,但应注意不要影响床位的布置。柜门尽可能窄,以保证走道通畅。壁柜位置应有利于保持干燥、通风良好。
- 床及床位布置:床是卧室的主要家具,其形式、尺寸、选材必须充分考虑幼儿的尺度和生长的特点。

(1) 床的尺寸:应适应幼儿的身体长短,即床长应为身长再加0.15~0.25m,床宽应为肩宽的2~2.5倍,为使幼儿能够自己铺放被褥以及上下床的方便,床距地不应太高,具体尺寸如表5-3。

幼儿园寝室幼儿床尺寸(cm) 表5-3

	长(L)	宽(W)	高(H)
小 班	120	60	30
中 班	130	65	25
大 班	140	70	40

(2) 床的形式:幼儿睡眠时的随意翻动易使枕头和衣被滑落床下,因此,需在床四周设挡板,考虑幼儿自己上床的方便,可在两侧挡板的一端降低其高度。寄宿制幼儿园每一幼儿必须有独用的床具,而全日制幼儿园因睡眠时间相对短,为节约卧室面积,可采用双层床、折叠床、伸缩床、床垫等形式床具。但应考虑幼儿园大、中、小班幼儿的生理特点,保证使用过程中的方便与安全性。

（3）床的布置：床位布置的原则应做到排列整齐，走道通畅。要使每一幼儿都能独自方便地上下床，并互不干扰。避免将床位连成通铺造成幼儿只能从床位的端部上下。由于外墙面在冬季较冷，为防止幼儿受凉，应将床位与外墙面保持适当距离。如果窗下有暖气设备也应将床位避开布置。具体布置时，应按下述要求排列（图5-6）。

图5-7所示为寝室床位布置要求；图5-8所示为北京汇佳幼儿园新一园寝室。

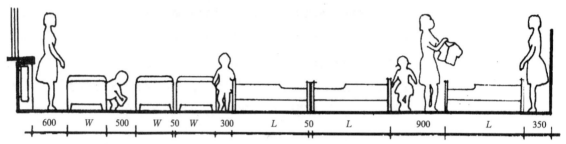

图5-6 幼儿园寝室床位布置间距尺寸（单位：mm）

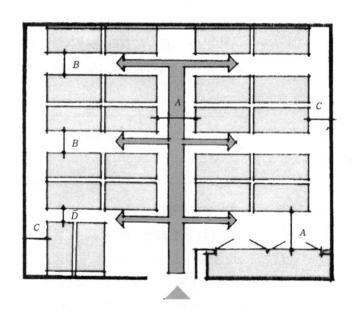

图5-7 寝室床位布置要求
注：1.图中 A=900mm，B=500mm，C=600mm，D=300mm，即进门处通道宽不得小于0.9m，床与床之间通道不得小于0.5m，床短边与另一床长边间通道不得小于0.3m，床与外墙、窗的距离不得小于0.6m。
2.并排床位不得超过2个，首尾相接床位不得超过4个。既并排又首尾相接呈田字形床位不得超过4个。

图 5-8 北京汇佳幼儿园新一园寝室

5.1.3 卫生间

幼儿园卫生间属于活动单元的重要组成部分,是幼儿生活用房中使用频繁的房间,由盥洗、厕所两部分组成。寄宿制幼儿园及炎热地区全日制幼儿园还应设置洗浴小间或浴盆(淋浴喷头),也可独立设置幼儿浴室。

1) 幼儿卫生间设计要求

- 从卫生防疫和方便管理考虑,应以每班独用为宜,尽量避免合班使用。

- 卫生间包括盥洗和厕浴两个部分,最小使用面积不得小于 15m²。在设计中,应使盥洗和厕浴两部分合理分区,避免混设。

- 按照幼儿园一日生活管理规程及幼儿生理的特点来看,幼儿卫生间,特别是盥洗室使用频繁,与幼儿活动关系密切,因此这就决定了它不像其他公共建筑的卫生间需要设于较隐蔽的位置,而应在临近活动室和寝室的明显位置设置,当寝室与活动室分层集中设置时,还应在寝室内增设一个较小的厕所,以备幼儿睡眠过程中使用。

- 为使活动室及寝室保持良好的卫生环境,厕所和盥洗室应分间或分隔，将盥洗室设在前部，厕浴设在后部，并有直接的自然通风，以防止臭气外溢。

● 卫生间应便于清扫，防止积水，地面应设地漏，并向地漏方向做5%找坡。

● 卫生间的布置应组合紧凑，管道集中，上下层应对位布置。

● 幼儿卫生间卫生设备的数量应满足《托儿所、幼儿园建筑设计规范》(JGJ 39—87)规定，见表5-4。

每班卫生间内最少设备的数量　　　　　　　　　表5-4

污水池(个)	大便器或沟槽(个或位)	小便槽(位)	盥洗台(水龙头、个)	淋浴(位)
1	4	4	6~8	2

2）幼儿卫生间卫生设备

幼儿卫生间内应设置的主要卫生设备有：大便器、小便器、盥洗台、污水池、毛巾架等，据需要还应设置淋浴器或浴盆、清洁柜等。

● 大便器：目前幼儿卫生间常用的大便器有蹲式大便槽、蹲式大便器、坐式大便器三种，无论采用何种大便器均应有1.2m高的架空隔板，并加设幼儿扶手。每个厕位的平面尺寸为0.8m×0.7m，蹲式大便槽槽宽0.16~0.18m，坐式大便器高度为0.25~0.30m。三种大便器分别有如下特点。

(1) 蹲式大便槽(图5-9)：施工简便、造价较低，不易引起幼儿交叉感染，但由于集中冲洗槽内要有一定坡度并防止粪便溅出，使得大便槽深度较大，当幼儿在跨越便槽时易产生恐惧心理。这种大便槽在卫生防疫上也

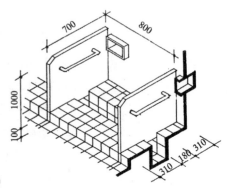

图5-9　蹲式大便槽(单位：mm)

并不十分理想,因为一旦发现便槽内有大便异常,则不易辨认需作重点消毒处理的部位,只得进行整体消毒。

(2) 蹲式大便器(图5-10):这是比较理想的大便器,主要优点是符合卫生防疫要求,既可以培养幼儿自己动手冲洗的能力,也可以消除蹲式大便槽过深而引起的恐惧心理。如果某个蹲坑内发现大便异常也能及时进行重点消毒处理并易查询病儿进行检疫。但管道易堵塞,损坏后更换也较困难。

(3) 坐式大便器(图5-11):与蹲式大便器相比使用更舒适、安全,外形美观。但是易引起交叉感染,设备造价较贵。

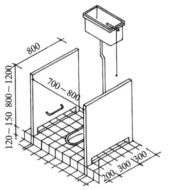
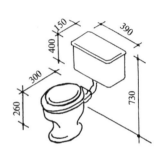

图5-10 蹲式大便器(单位:mm)　　图5-11 坐式大便器(单位:mm)

● 小便器:常用的小便器有小便斗(图5-12)和小便槽(图5-13)。小便槽设计应注意踏步要适合幼儿尺度,高以不超过0.15m为宜。小便斗斗高为0.30m,间距不应小于0.60m。

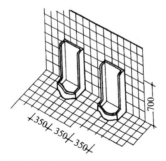
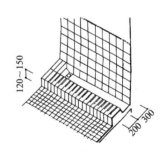

图5-12 小便斗(单位:mm)　　图5-13 小便槽(单位:mm)

图5-16所示为北京汇佳幼儿园新一园厕所。

- 盥洗台：盥洗台可根据卫生间的平面沿墙设置为槽式盥洗台(图5-14)或不靠墙呈岛式布置(图5-15)，槽式盥洗台幼儿可排成一排同时盥洗，适用于较窄长的盥洗间，岛式盥洗台幼儿可两面站排同时盥洗，适用于较方整的盥洗间，也可与淋浴喷头组合为多功能使用；盥洗台台面高度与宽度应适合幼儿尺度，一般台面高为0.50～0.55m，台面净宽为0.40～0.45m；水龙头位置不应过高，以防溅水，龙头形式以小型为宜，其间距为0.35～0.40m；在盥洗台上方的幼儿身材高度范围内宜设通长镜面，并设置放肥皂的位置。图5-17所示为北京汇佳幼儿园新一园盥洗室。

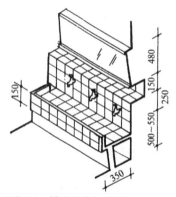
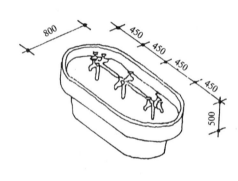

图5-14　槽式盥洗台(单位：mm)　　　　图5-15　岛式盥洗台(单位：mm)

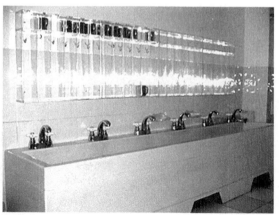

图5-16　北京汇佳幼儿园新一园厕所　　　图5-17　北京汇佳幼儿园新一园盥洗室

- 毛巾架：根据幼儿卫生要求，每班必须设置毛巾架，以悬挂每一幼儿洗脸洗手用的毛巾，其位置应接近盥洗台。毛巾架常用活动支架式，使用灵活方便，可随时拿到室外进行日光消毒，但占据一定面积，容易造成空间拥挤。毛巾架应使每一条毛巾在悬挂中不相互接触，以免交叉传染眼病。因此，挂钩水平间距为0.10m，行距应为0.35~0.50m。根据幼儿身材不同，小班的毛巾架最下一行距地为0.50~0.60m，中、大班为0.60~0.70m，最上一行距地不大于1.2m。为了节约毛巾架所占据的面积，还可做成活动毛巾棍悬挂在墙壁上，进行日光消毒时，只要取下毛巾棍即可。

- 污水池：供保育人员冲洗拖布，洗刷便盆，打扫卫生时用。污水池不宜太大，为避免溅水，污水池要有一定深度，池底应设坡度坡向地漏。

- 清洁柜：存放清洁用具，柜内上部设置搁板，可放肥皂，消毒液，洗涤剂等。柜内下部存放水桶、脸盆、扫帚、簸箕等。柜门里侧设置挂刷子、抹布的挂钩。清洁柜的位置尽可能凹入或半凹入墙内，以减少占用面积。

- 洗浴盆或淋浴小间：为夏季幼儿洗浴用，一般南方全日制幼儿园在卫生间内设置淋浴小间或双浴盆，寄宿制幼儿园宜设置集中浴室，淋浴喷头也可与岛式盥洗台组合设置，这样可少占或不占空间，但淋浴喷头较高，需集中关闭，使用不够灵活。

5.1.4 衣帽贮藏室

幼儿对气候、温度变化适应性差，为适应早晚、室内外气温变化，幼儿穿戴衣物相对成人要多，为存放幼儿衣物，以避免将衣帽放入活动室内而影响使用和整洁，衣帽贮藏室是必不可少的用房；在北方，尤其是寒冷地区常在进入活动室的前部设置衣帽贮藏室。有的幼儿园会将晨检室与衣帽贮藏室合设于门厅附近，因此它也可以作为从室外进入活动室的过渡空间。由于衣帽贮藏室较小，常常又是进出的主要途径，因此存衣设施宜沿墙布置。为便于幼儿进出活动室自己检查服装整洁情况，可在衣帽贮藏室设置镜子,镜下缘距地面0.25~0.30m,高度应适合幼儿身材。

5.1.5 音体活动室

音体活动室是全园幼儿公用的活动室,也可兼作合班教室及风雨操场,可作为音乐、体育、大型游戏、全园集会及图片展览的场所。国外幼儿园的音体活动室又称大游戏室、集团保育室、音乐厅等,一般设置数量较多;我国20世纪50年代建造的幼儿园大多设置了音体室,20世纪60~70年代建造的幼儿园多半未设音体活动室,因而幼儿园缺少全园集会场所。从幼儿园的发展来看,有必要设置音体活动室,而且有向按幼儿年龄分成大组活动的多个音体活动室发展的趋向。

1) 音体活动室的设计要求

● 音体活动室应能容纳全园幼儿及保教人员开展多种室内游戏、活动所需面积,并设有必要的表演区,以满足小型演出的需要,室内还应附设一间贮藏室,以存放家具、教具和电声设备。

● 为保证幼儿在紧急情况下的安全疏散,音体活动室应设2个双扇外开门,门宽不应小于1.5m,两门间距应大于5m。

● 音体活动室的跨度比较大,应尽量有足够的自然采光,以保证室内有足够的均匀照度,朝向内院一侧宜做有保护玻璃措施的落地窗,配合平台、绿化等使室内外空间和景观密切结合,但应避免单纯为了造型而扩大窗面积的做法,以避免可能产生的东西晒或致使夏季室内温度过高情况。

● 设计中应保证有一面为实墙,以作为舞台背景使用。

● 音体活动室室内净高不应低于3.6m。

● 音体活动室地面宜采用木地板等富有弹性的材料,幼儿在音体活动室内活动时噪声太大,所以其顶棚、地面可结合装修、设置吸声材料。

2) 音体活动室的平面形状

音体活动室的形状除要满足使用功能外,应体现明快、活泼的儿童建筑的特点,一般除长方形、正方形外还可设计成多边形、圆形及不规则的平面形状。音体活动室因其体量较大,确定平面形状应注意使体形活泼,可以形成幼儿园的标志性建筑，体现儿童建筑尺度特色。

3）音体活动室的家具与设施

- 音体活动室使用面积超过150m²时，应设置简易小舞台，小舞台尺寸为：深4～4.5m，高0.6～0.8m。舞台地面以木地板为宜。
- 小舞台形式有以下两种：

(1) 固定式舞台或台阶：此种形式既满足了小型演出的需要，也丰富了音体活动室室内空间，平时可当作幼儿开展各种活动的台阶，幼儿可随意攀爬，也可进行组、团活动，唱歌，排练等用；

(2) 积木式坐凳、活动式地板可组合成活动式小舞台。这种舞台既可满足使用要求，也节省了空间。

- 室内应考虑影视设备和银幕悬挂等设施的条件，同时应设计各类灯光照明，和进行音质分析以提高音体室的功能。

图5-18 所示为北京汇佳幼儿园远洋园音体活动室。

图5-18 北京汇佳幼儿园远洋园音体活动室

5.1.6 幼儿生活用房室内装修设计

室内装修的主要任务是对室内各表面的装饰做法进行设计选择。室内装修设计应考虑到幼儿园教学的特点以及幼儿生理、心理的需要，重点不应过多地追求建筑艺术上的装饰性细部，而应把注意力集中在创造趣味性、实用性的活动空间上。室内家具、设施及装修、装饰应简洁、明快、安全、美观并富有"童心"，宜采用儿童喜见乐闻的艺术形象，如一些小动物造型、图案及能引起儿童联想与思考的造型。

活动室、音体活动室室内各表面色彩宜采用高亮度、低彩度的色调，局部可采用鲜艳的高彩度的色调，室内墙面应具有展示教材、作品及环境布置的条件。卧室的色彩宜选择明度不高，可以给人以安定、凉爽的感觉的冷色，如浅绿、浅蓝等色。

装修选材与构造应安全、坚固、耐用并便于擦洗。墙面和顶棚的粉刷表面应处理得较为平整细腻，不应有易积灰尘的线角。墙裙不应采用有光泽的油漆，以免出现眩光而伤害幼儿眼睛。墙裙部分因幼儿经常碰撞，必须坚固耐久易于擦洗。地面是幼儿直接接触的部分。从安全卫生和御寒考虑，地面不宜采用水泥地面或水磨石地面。因为这两种地面的做法触感太硬，缺少弹性，易使幼儿摔伤。而且，水泥地面和水磨石地面在冬季对幼儿腿部保暖也不利。有条件应采用木地板地面。

5.2 服务用房设计要点

幼儿园的服务用房是保教、管理工作用房,主要包括医务保健室、晨检室、办公室等。在具体进行服务用房设计时,要妥善解决对内对外的交通流线。

5.2.1 卫生保健用房

幼儿的卫生保健工作是幼儿教养的一项重要工作。它包括幼儿健康检查、疾病预防、营养卫生和诊疗一般疾病等。相应的卫生保健用房有医务保健室、隔离室、晨检室及一个厕位的幼儿专用厕所。

1)医务保健室

医务保健室的功能是以幼儿健康检查、疾病预防为主,同时承担部分幼儿常见小病、小伤的处理。医务保健室应有足够的面积安放主要家具、设备,包括诊断办公桌、幼儿检查床、药品器械柜及体检仪器(体重称、身高器)等。图5-19所示为医务保健室平面布置;图5-20为北京汇佳幼儿园远洋园医务保健室。

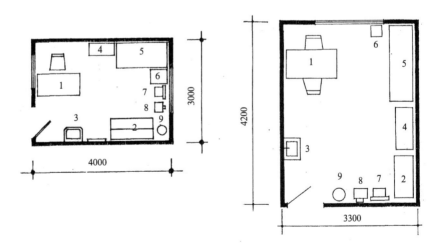

图5-19 医务保健室平面布置(单位:mm)
1-诊查桌;2-药品柜;3-洗手盆;4-病历柜;5-诊查床;6-茶几;7-体重称;8-身高器;9-污物桶

2) 隔离室

图 5-20 北京汇佳幼儿园远洋园医务保健室

隔离室作用是当幼儿园一旦发现病儿，先在医务保健室经医生初步诊断后，为避免交叉感染，将轻病儿送至隔离室进行诊治，重病儿或患有传染病的幼儿则在隔离室，在其家长前来接送到医院进一步诊治前作临时等待。隔离室一般应与医务保健室毗邻，并穿套设置，其间设玻璃隔断，便于医护人员随时观察病情。隔离室内病室床位不宜超过两床，通常视规模不同而设置若干小间。为了满足隔离要求，宜专辟内部走道。隔离室要有较好的朝向和安静的环境。有条件的幼儿园可为隔离室设置独立的室外小庭园，使病情轻微的幼儿可单独在室外玩耍。为方便病儿使用，防止疾病传染，隔离室还应设独立的厕所，通常设一幼儿用蹲位和一个洗手盆，也可视情况加设污洗池，要有直接采光，位置要适中。隔离室的位置不应与活动单元混设在一起，必须使两者的流线严格分开，互不交叉，并尽可能为隔离室设单独出入口。

3) 晨检室

根据幼儿卫生保健要求，幼儿入园时应由医务人员检查幼儿是否有异常情况，以便及时发现病情，采取相应措施，避免病儿的病情传染蔓延。晨检室的位置一般应设在主体建筑的入口处。晨检室也可与传达室、收发室合建，但应与传达室、收发室有分隔。幼儿进行晨检通常是由医务保健室医生担任，因此晨检室也可与医务保健室兼管，设置在办公、管理单元的一端。

5.2.2 管理、教学用房

管理、教学用房从使用上分为对外有联系和仅属内部使用两类不同的房间。这类房间的设置总的原则是既要满足使用要求，又要尽量少而紧凑，一般建筑标准可相应低于活动单元，以节约空间和造价。

1) 对外有联系的管理、教学用房包括园长室和包括会计、出纳的总务办公室，会议室，接待室，值班、传达室等。为了便利家长和其他外来人员联系工作，并且避免深入到建筑内部接触幼儿生活区为卫生防疫工作带来不利影响，这类用房要布置在建筑入口处。

- 园长室：内设1~2张办公桌，供园长及副职领导人员办公，设少量存放文件档案的橱柜。当兼作接待室时，面积应适当大一些，以便布置接谈坐椅。

- 行政办公室：主要供会计、出纳、总务等后勤人员使用。规模较大的托幼机构需再分财务、总务等房间分别办公。行政办公房间要紧靠园长室。室内设办公桌，存放文具用品等备品的橱柜，打印、复印机桌等。财务办公室宜开设交费窗口。

- 值班、传达室：无论是整日制或寄宿制的幼儿园，设值班、传达室的情况都较为普遍。保教人员大多在家吃住，下班后和节假日一般由职工轮流值班或专人看守。值班、传达室也常设计成两小间，外间作为传达室，内间供夜间值宿用。值班、传达室也可与入口围墙大门结合设计。

2) 属于内部使用的有教员办公室，保育员休息室，宜安排在安静角落或设于楼层。

- 教员办公室：由教学备课室、教具制作及陈列室、资料室等组成。供教员在此备课或进行教学研究等集体活动，同时存放全园公用的教具，供研究的幼儿作业、幼儿教育书刊等，所以除了桌椅外，应有必要的橱柜、书架等。墙上要有供教学研究和作业演出用的黑板，备课室还可兼作图书阅览，是有多种用途的房间。

- 休息室：供保育员来园后存放个人衣物、课间休息等用，整日制幼儿园职工在园午餐的，可在此用餐。

- 职工厕所：主要供教职工使用，必须严格与幼儿使用的厕所分开，可单独设置在办公室附近。供保育人员使用的厕所可设在活动单元的卫生间内，其尺寸按成人标准设置，每班一个厕位，必须设置分隔，也可临近集中布置。

3) 此外，还可根据不同情况设置一些其他房间，如有的幼儿园设1~2间宿舍，供单身职工住宿，集中设置供教职工使用的浴室，供贮藏体育器具、总务用品及杂物之用的贮藏室等。总之，这些房间的设置，要根据幼儿园的规模和具体条件确定。

5.3 供应用房设计要点

主要有厨房、总务库房和根据条件设置的洗衣、烘干房、锅炉房等。这些房间有的有油烟、蒸汽和污物,这些用房大多与幼儿没有直接关系,从卫生、管理和安全方面看,都应离幼儿活动部分稍远一些,但也要有较短的交通路线,以保证工作、管理方便。

5.3.1 厨房

幼儿厨房的功能是科学、合理地安排、管理幼儿的膳食。根据幼儿厨房操作程序和卫生要求,进行合理的建筑设计,是保证幼儿健康、活泼成长的重要因素。幼儿厨房由主副食加工间、主食库、副食库、配餐间、冷藏室等组成。

1) 幼儿厨房的设计的要求

● 幼儿厨房应设置专用对外出入口,使杂物流线与幼儿流线分开,并与杂物院有紧密联系。

● 幼儿厨房各房间面积、形状应满足使用功能、组织流线、布置设备设施的要求:

(1) 厨房平面设计应按原料处理、主食加工、副食加工、备餐、餐具洗存等工艺流程合理布置,严格做到原料与成品分开,生食与熟食分隔加工和存放,避免各流线交叉和反流。

(2) 必须保证厨房应有的加工设备条件及操作的位置。

表5-5所示为厨房应有的加工设备及其常用规格尺寸;表5-6所示为厨房常用电气炊具和食品加工机械的规格。

厨房应有的加工设备及其常用规格尺寸　　　　表5-5

类　别	规　格	尺寸(长×宽)(mm)
炉　灶	二　眼	3000×1200
	三　眼	4000×1200
淘米洗菜池	二　池	2700×700
	三　池	3600×700
	四　池	4500×700
洗　碗　池	一　池	1800×700
	二　池	2700×700
	三　池	3600×700
餐　具　柜	二　门	1200×700
	四　门	3600×700
	六　门	1800×700
面制品生菜加工桌	中　型	1800×700
	大　型	2700×700

厨房常用电气炊具和食品加工机械的规格　　　　表5-6

品　名	型　号	规格尺寸(长×宽×高)(mm)	占地、操作面积(m²)
立式和面机	HM—82型	1100×850×1000	3.0
立式切面机		1400×470×1450	2.0
台式绞肉机	C—12型	290×190×420	0.5
台式切肉机	J741—A型	410×310×320	0.5
砂轮磨浆机	SM—130—1型	400×350×650	1.8
厨房冰箱	CB350型	850×700×1700	1.5
远红外加热食品烘箱	YMH—801型	1080×820×1300	1.8
远红外线餐具消毒柜	YDCX型	1100×800×1100	1.8
电气两用全自动多功能快速蒸饭机	KZ—G1型	1015×750×1560	1.8

(3)加工间的工作台边(或设备边)之间的净距:单面操作,无人通行时不应小于0.70m;有人通行时不应小于1.20m;双面操作,无人通行时不应小于1.20m;有人通行时不应小于1.50m。

- 厨房如分楼层设置,宜设垂直运输的食梯并应生食与熟食分设。
- 厨房加工间天然采光时,窗洞口面积不宜小于地面面积的1/6。
- 厨房应有良好的通风、排气设置,避免油烟、气味窜入幼儿生活用房。自然通风时,通风开口面积不应小于地面面积的1/10。
- 通风排气应符合下列规定:

(1)各加工间均应处理好通风排气,并应防止厨房油烟气味污染其他房间;

(2)热加工间应采用机械排风,也可设置出屋面的排风竖井或设有挡风板的天窗等有效自然通风措施;

(3)产生油烟的设备上部,应加设附有机械排风及油烟过滤器的排气装置,过滤器应便于清洗和更换;

(4)产生大量蒸汽的设备除应加设机械排风外,尚宜分隔成小间,防止结露并做好凝结水的引泄。

- 厨房地面、墙裙及洗池、炉灶等应以瓷砖镶面或水磨石面层,便于刷洗。地面应有排水坡度(1%~1.5%)和地漏,并在室内设有排水沟,便于及时排除室内地面水。
- 厨房门窗为避蝇、防鼠,应加设纱门、纱窗。
- 厨房各类库房天然采光时,窗洞口面积不宜小于地面面积的1/10。自然通风时,通风开口面积不应小于地面面积的1/20。
- 可根据幼儿园规模、经济条件等选择设置工作人员更衣、休息、厕所及淋浴室等厨房辅助房间:

(1)更衣处宜按厨房全部工作人员男女分设,每人一格更衣柜,其尺寸为0.50m×0.50m×0.50m;

(2)淋浴室宜按炊事员最大班人数设置淋浴器,因幼儿园炊事员人数相对较少一般只设一个淋浴器即可,淋浴室内应设一个洗手盆;

(3)厕所应按全部厨房全部工作人员最大班人数设置,一般设一处水冲

图5-21 北京汇佳幼儿园

式厕所即可。可不男女分设,厕所内设一个大便器和一个洗手盆,厕所前室门不应朝向各加工间。

2）饮食运输方式

一般幼儿园的厨房设在底层,运送饭菜一般用保温饭车通过水平廊、道即可解决,应注意在运送通道上地面的高低交接部位必须做成坡道。对位于楼层的幼儿班组来说则需通过垂直运输解决。最好在适当位置设置食梯,以减少工作人员繁重劳动。食梯一般可布置在厨房的备餐间内,也可布置在幼儿生活用房的公共交通空间内。图 5-21 所示为北京汇佳幼儿园安贞园厨房。

5.3.2 洗衣、烘干室

幼儿园的床单、被罩等需要定时清洗,宜设集中的洗衣房;室内设洗池、洗衣机等设施设备,也应设置备用洗池。热源方便的厂矿区和专门设有锅炉房的幼儿园可考虑设置烘干室,烘干室大多装设高密度采暖管道,利用室内高温烤干湿衣。洗衣房和烘干室会产生噪声、蒸汽,并对幼儿有一定危险性,位置应远离幼儿生活用房和活动区。

5.3.3 总务库房

全园性的库房主要用于存放备用家具、清洁工具等备品及季节性物品。杂用物品也将随着开园时间而日趋增多,所以库房是不可缺少的房间。库房要妥善解决通风防潮问题,所存物品宜按季节贮存、永久保存、日常需用等情况分类存放。

5.3.4 其他供应用房

幼儿园供应用房还包括开水间、锅炉房、配电间、车库等,应根据幼儿园的规模和需要选择设置。车库、锅炉房应脱离主体建筑设置在杂物院附近,自成一区,并应与幼儿活动区有分隔措施。

5.4 建筑构造和设备设计要求

5.4.1 建筑构造设计要求

1) 地面构造要求

- 活动室、寝室及音体活动室宜为暖性、弹性地面，如木地板地面；
- 幼儿经常出入的通道应为防滑地面；
- 卫生间、厨房、洗衣间等房间地面应易清洗、防滑、不渗水。

2) 门构造要求

- 严寒、寒冷地区主体建筑的主要出入口应设挡风门斗，其双层门中心距离不应小于1.6m。
- 幼儿经常出入的门应符合下列规定：

(1) 在距地0.60～1.20m高度内，不应装易碎玻璃；
(2) 为便于幼儿自己开、关，在距地0.70m处，宜加设幼儿专用拉手；
(3) 门的双面均宜平滑，无棱角；
(4) 不应设置门槛和弹簧门；
(5) 外门宜设纱门，以防蚊蝇干扰。

3) 窗构造要求

- 为保证幼儿视线不被遮挡，避免产生封闭感，活动室、音体活动室的窗台距地面高度不宜大于0.60m。
- 应保证窗的开启方便及安全，避免内开时碰伤幼儿，外开时撞人，在距地面1.3m高度内不应设平开窗，楼层无室外阳台时应设护栏。
- 所有外窗均应加设纱窗，活动室、寝室、音体活动室及隔离室的窗应有遮光设施。
- 朝南内窗台应考虑放置花盆、鱼缸等教具及玩具，宽度不应小于0.2m。

4) 墙面构造要求

- 幼儿经常接触的1.30m以下的室外墙面不应粗糙，室内墙面宜采用光滑易清洁的材料，墙角、窗台、暖气罩、窗口竖边等棱角部位必须做成小圆角。

● 活动室和音体活动室的室内墙面，应具有展示教材、作品和环境布置的条件。

5) 阳台、屋顶平台的护栏净高不应小于1.20m，内侧不应设有支撑，护栏宜采用垂直线饰，其净空距离不应大于0.11m。

5.4.2 建筑设备设计要求

1) 给水与排水要求

● 幼儿园应设室内给水排水系统，卫生设备的选型及系统的设计，均应符合幼儿的需要。

● 有热源条件时可设置或预留热水供应系统。

2) 采暖与通风要求

● 采暖区幼儿园应用低温热水集中采暖。热媒温度不宜超过70~95℃，幼儿用房的散热器必须采取防护措施。不具备集中采暖条件的二层以下房屋用壁炉、火墙采暖时，必须有高出屋面的通风、排烟等措施。

● 幼儿园与其他建筑共用集中采暖时，宜有过渡季节采暖设施。

● 幼儿园生活用房应有良好的自然通风，厨房、卫生间等均应设置独立的通风系统。

3) 电气要求

● 幼儿用房选用的灯具应避免眩光。寄宿制幼儿园的寝室宜设置夜间巡视照明设施。

● 活动室、音体活动室、医务保健室、隔离室及办公用房宜采用日光色光源的灯具照明，其余场所可采用白炽灯照明。当用荧光灯照明时，应尽量减少频闪效应的影响，医务保健室和幼儿生活用房可设置紫外线灯具。

● 各房间照度标准不应低于表5-7的规定。

● 活动室、音体活动室可根据需要，预留电视天线插座，并设置带接地孔的、安全密闭的、安装高度不低于1.70m的电源插座。

- 在供应用房的电气设计中,应为各种机电和电热设备提供或预留电源。
- 幼儿园应设置电话,电铃。

幼儿园主要房间平均照度标准(lx)　　　　表5-7

房 间 名 称	照 度 值	工 作 面
活动室,音体活动室	150	距地0.50m
医务保健室,隔离室,办公室	100	距地0.80m
寝室,厨房	75	距地0.80m
卫生间,洗衣房	30	地 面
门厅,烧火间,库房	20	地 面

6 幼儿园建筑造型设计

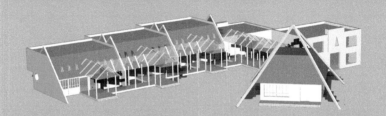

  幼儿园建筑造型是指构成幼儿园建筑的外部形态的美学形式，是被人直接感知的建筑体量、建筑环境及建筑空间。幼儿园建筑造型与其他的建筑虽有较大区别，但都遵循艺术造型形式美的原则和规律。在体现公共建筑造型共同特征的同时，幼儿园建筑造型还要强调自身所特有的环境及空间特点，注重建筑自身艺术性和童趣性的融合。创造富有儿童情趣，受到幼儿喜爱的造型形象。

6.1 幼儿园建筑造型的特征及设计要求

6.1.1 幼儿园建筑造型设计要求

(1) 幼儿园建筑造型的设计与其他公共建筑的造型设计一样都要符合一般的形式美原则，如统一与变化、对比与微差、均衡与稳定、比例与尺度、节奏与韵律、视觉与视差等构图规律。

(2) 幼儿园建筑造型的设计应满足幼儿生理、心理及行为特征的要求，充分考虑幼儿的心理因素，通过各种与造型相关的建筑要素，如体量组合、色彩处理、光影变化、虚实安排、质地效果等构成形式，创作出真正富有幼儿个性并深受幼儿喜爱的艺术形象。

(3) 幼儿园建筑的造形设计在反映"新、奇、趣、美"的幼教建筑个性风格的同时，还应处理好建筑内涵与形态之间的关系。

(4) 幼儿园建筑的造型设计应与所在居住小区或居住区的建筑风格、环境气氛统一、协调。

6.1.2 幼儿园建筑造型的特征

幼儿园建筑造型设计，不能脱离内容而进行纯形式构图，它要受到自身内在规律的制约，使得幼儿园建筑造型有明显的特征。

1) 体量不大

幼儿园建筑的规模较之一般的公共建筑要小得多，空间体量较少，而且内部的空间组成除音体活动室相对稍大外，都是较小的空间。这就决定了幼儿园建筑造型不会以高大体量的姿态出现。

2) 层数低矮

因为幼儿园建筑的层数有所限制，较之许多其他公共建筑的层数要低矮得多。这就决定了规模较大的幼儿园建筑造型基本以水平舒展的形式为特征。

3) 尺度小巧

在幼儿眼中幼儿园建筑应是他们心目中自己的如童话般的乐园。因此,幼儿园建筑的造型从体量到细部的一切处理都要适应幼儿的审美尺度和心理需求。

4) 布局活泼、错落有致

幼儿园建筑通常以活动单元为基本模式,但其组合方式千变万化。同时,室外空间不仅作为环境特征的形式,也是作为幼儿园建筑设计的不可缺少的内容。所以幼儿园建筑常常以活泼的布局形式来达到与环境很好地融为一体的目的。这就构成了幼儿园建筑造型通常以非对称式、自由伸展、高低错落的形式出现。

5) 新奇、童稚、直观、鲜明

幼儿园建筑造型一般以幼儿作为观赏的主体,从幼儿心理特征、审美角度为依据来设计,所以幼儿园建筑造型经常以新奇、童稚、直观、鲜明的形象来取悦幼儿。

6.2 幼儿园建筑造型的方法

幼儿园建筑造型设计的宗旨，是通过建筑造型及建筑装饰语言，创造一个适合幼儿个性特征的建筑形象。而在具体运用中，手法又是多种多样的，可以根据设计对象的具体情况，以独特的方法创作出别具一格的幼儿园建筑形象。

6.2.1 主从式造型

幼儿园建筑的功能关系、平面布局已确定了幼儿生活用房是建筑的主体，在建筑造型设计中也应突出建筑主体鲜明的个性。而且幼儿活动单元因其数量多，较充分地反映幼教建筑个性，常组合成富有韵律感的建筑群，形成托幼建筑的主体，起主导支配作用。音体活动室因其功能要求及空间形态特殊，常独立设置，从而形成了幼儿活动单元组群与音体活动室之间在体量上的主从关系。而服务用房、供应用房则是处在更加次一级的从属地位。

此时，在建筑形体组合时宜强调整体感，突出主体富有韵律感的形态。设计时，应注意幼儿活动单元这一群体的整体感，不应追求过多的变化，从而削弱其整体感。可以从建筑形体的组合、色彩的明度、材料质感等方面加强对比，强调其主导地位。体量处在从属地位的音体活动室，在建筑造型设计中是一个活跃因素。无论在平面构成上还是在空间构成上都应重点推敲与主体建筑的关系。由于它在体型处理上的自由度较大，可以以特殊的造型语言与主体建筑形成对比。但在细部处理上又应与主体建筑取得内在的联系，这是造型对比中求得谐调的手段，以避免主从关系间的拼凑。服务用房、供应用房在造型处理上应简洁，起到烘托、陪衬主体的作用。

建筑主从各部分在细部处理上应有内在的联系，这是造型对比中求得谐调的手段，如在细部处理上将某一建筑符号重复运用，各部分相互呼应形成整体组合群。同时还要考虑主体活动单元群与其他体部之间的均

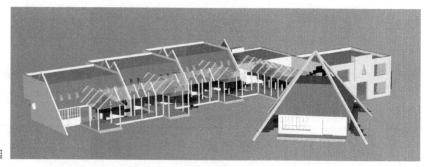

图 6-1　主从式造型幼儿园

衡，避免主从关系间生硬的拼凑。图 6-1 所示为主从式造型幼儿园。

6.2.2　母题式造型

母题式造型是运用同一要素做主题，在建筑造型上反复运用，并以统一中求变化的原则使母题产生一定相异性，以达到托、幼建筑的活泼、生动之感。母题有多种形式，从建筑形体上看较为适合幼儿园建筑的母题常用几何形体有正方形、六边形、圆形及圆弧与直线相结合的复合形等。其中，六边形在平面及体量的衔接上比较自然，且功能布置易于处理又利于连接再生；圆形因其线形的流动感特别符合幼儿好动的特性；三角形母题因其锐角的空间形态对于幼儿园建筑的个性以及使用要求较难适应，因此，在体量造型上通常不采用作为母题，仅用于某些建筑装饰的部位上。建筑母题的内容还包括了门、窗、屋面、墙面及某些装饰等，均可作为幼儿园建筑母题的基本要素。如幼儿园建筑的儿童活动单元因其形状，大小，色、质等相同或类同，而且数量多，当着重强调并重复使用体形、屋面、门窗等某种要素构成母题，产生强烈的韵律感。

母题的相异性即在统一中求变化的原则下产生基本要素的某些部分的不同（相异），如圆与圆弧，直线与圆弧等等。母题的相同与相异两者的关系也应遵守主从法原则，变化不宜太多、太大，否则会破坏母题的完整性。由于由相同活动单元所构成的主体建筑在形体上占优势地位，因此，主体建筑的母题在大小，方向，质感等方面及外观上的相同性，可以构成母题强烈的韵律感。母题的相异可以运用在次要的体量或次要的装饰图形上，以求统一中有变化。如圆的母题相异性，可通过改变其直径，去除圆的一

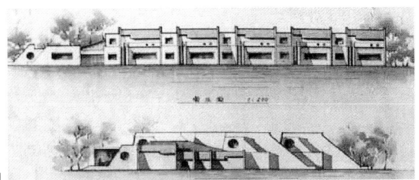

图6-2 母题式造型幼儿园

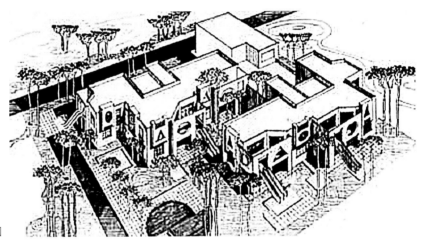

图6-3 母题式造型幼儿园

部分,取圆的一段弧长等来得到。

如图6-2运用儿童活动单元的体形"大象滑梯"这一基本形态的重复,形成母题,使造型生动、活泼,同时又强调了造型的整体感。

图6-3运用利用墙面上不断重复的三角形、圆形的洞口作为母题,连续、有规则地出现,达到同一感、整体感,形成活泼、亲切、节奏感强的童话空间。

6.2.3 比拟式造型

幼儿建筑的造型特色在于它与幼儿生理、心理的内在联系,像游戏器具、文具、动植物等等事物不仅被幼儿所认知,而且其形体简洁、明快,符合幼儿的特征,常被用作幼儿园建筑重要的造型手法之一。比拟式造型并不是简单地模仿、重塑事物,而是要经过加工、提炼、概括,运用建筑的语言在幼儿建筑的重点部位大胆使用。

比拟式造型常采用模拟手法表达"童话"意境,如有的似城堡、钟楼,有的似林中营寨,有的似大自然中的动物等,形象生动活泼,静中求动,多姿多彩,颇有童稚之气和新奇之感。图6-4所示为将幼儿园造型比拟成飞机的形态;彩图6-5所示为将铅笔作为幼儿园造型的点睛之笔,使规整的建筑形体充满了童趣;彩图6-6所示为以大风车作为幼儿园的标志。

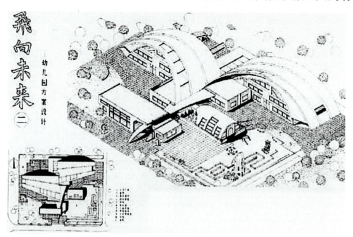

图6-4 将幼儿园造型比拟成飞机的形态

彩图6-5 将铅笔作为幼儿园造型的点睛之笔,使规整的建筑形体充满了童趣

彩图6-6 以大风车作为幼儿园的标志

6.2.4 文脉式造型

幼儿建筑常位于居住小区或居住区内，为使其与周围建筑造型协调、统一也常采用民族传统的文脉式造型。彩图6-7所示为孟斯特教区幼儿园，民居式的造型平和而亲切。

彩图6-7 孟斯特教区幼儿园，民居式的造型平和而亲切

6.3 幼儿园建筑造型实例分析

6.3.1 清华大学洁华幼儿园

该幼儿园为清华大学幼儿园的扩建项目,新建筑充分考虑清华园传统而质朴的建筑风格,外墙采用砖红色霹雳砖,结合白色檐口并配以浅灰色勒脚。方案通过小尺度形体的变化,形成了较为丰富的建筑体量,砖墙面与白色涂料的配合,使该幼儿园具有了一种教育建筑的文雅气质。仔细分析,可以看出设计者对开窗的形式与比例进行了较多的推敲,透明落地窗、镜面幕墙、玻璃砖、方窗、竖条窗、大面积格子窗等,这些窗的运用,既满足了内部空间对采光和视线的需求,又形成了丰富而统一的造型效果。立面造型上采用了图案化的设计手法,在建筑入口、楼梯间及围墙栏杆上反复运用了装饰性的叶片构图,在围墙栏杆和玻璃幕墙的划分上重复出现,成为建筑的一个主题,进一步加强了造型的统一效果。彩图6-8所示为清华大学洁华幼儿园主入口寓意双手托起幼苗;彩图6-9所示为重复、强调幼苗的寓意;彩图6-10所示为清华大学洁华幼儿园次入口。

彩图6-8 清华大学洁华幼儿园主入口寓意双手托起幼苗

彩图6-9 重复、强调幼苗的寓意

彩图6-10 清华大学洁华幼儿园次入口

6.3.2 北京SOHO现代城小牛津幼儿园

幼儿园建筑以班单元为基础，以白色为主体，将一些颇似积木玩具的小尺度彩色体块进行穿插、渗透在其间，创造了特点统一、富有变化的活跃建筑形象。入口低矮的洞口和鲜明的黄色框架不仅加强了入口的标识性，又在空间上起到前导和过渡的作用。大面积的开窗既保证了室内的采光要求，也为儿童创造了更多观察机会，同时也将建筑立面造型表现得精致轻巧。运用英文字母造型，在建筑侧立面采用镂空和镶嵌的设计手法，创造富有童趣活泼可爱的建筑形象，突显了幼儿园的建筑性质，在幼儿园北立面用一片黄色的围墙减少了园外城市道路的影响，又与南面的彩色体块相呼应。彩图6-11所示为北京SOHO现代城小牛津幼儿园南面造型；彩图6-12所示为其低矮的入口体现了幼儿建筑的尺度；彩图6-13所示为其入口框架加深了空间的层次感；彩图6-14所示为其侧墙；彩图6-15所示为其北面。

彩图6-11 北京SOHO现代城小牛津幼儿园南面造型

彩图6-12 北京SOHO现代城小牛津幼儿园低矮的入口体现了幼儿建筑的尺度

彩图6-13 北京SOHO现代城小牛津幼儿园入口框架加深了空间的层次感

彩图 6-14 北京 SOHO 现代城小牛津幼儿园的侧墙

彩图 6-15 北京 SOHO 现代城小牛津幼儿园北面

附录

中华人民共和国城乡建设环境保护部
中华人民共和国国家教育委员会 标准

托儿所、幼儿园建筑设计规范 JGJ 39—87

关于批准发布《托儿所、幼儿园建筑设计规范》的通知

主编单位：黑龙江省建筑设计院
批准部门：中华人民共和国城乡建设环境保护部
　　　　　中华人民共和国国家教育委员会
试行日期：1987年12月1日
(87)城设字第466号

为适应托儿所、幼儿园建筑设计工作的需要，由黑龙江省建筑设计院主编的《托儿所、幼儿园建筑设计规范》，经城乡建设环境保护部和国家教育委员会审查批准为部颁标准，编号为JGJ 39—87，自1987年12月1日起试行。试行中如有问题和意见，请函告黑龙江省建筑设计院，供今后修订时参考。

中华人民共和国城乡建设环境保护部
中华人民共和国国家教育委员会
1987年9月3日

第一章　总　则

第1.0.1条　为保证托儿所、幼儿园建筑设计质量，使托儿所、幼儿园建筑符合安全、卫生和使用功能等方面的基本要求，特制订本规范。

第1.0.2条　本规范适用于城镇及工矿区新建、扩建和改建的托儿所、幼儿园建筑设计。乡村的托儿所、幼儿园建筑设计可参照执行。

第1.0.3条　托儿所、幼儿园是对幼儿进行保育和教育的机构。接

纳不足三周岁幼儿的为托儿所，接纳三至六周岁幼儿的为幼儿园。

一、幼儿园的规模（包括托、幼合建的）分为：

大型：10个班至12个班。

中型：6个班至9个班。

小型：5个班以下。

二、单独的托儿所的规模以不超过5个班为宜。

三、托儿所、幼儿园每班人数：

1. 托儿所：乳儿班及托儿小、中班15～20人，托儿大班21～25人。

2. 幼儿园：小班20～25人，中班26～30人，大班31～35人。

第1.0.4条 托儿所、幼儿园的建筑设计除执行本规范外，尚应执行《民用建筑设计通则》以及国家和专业部门颁布的有关设计标准、规范和规定。

第二章 基地和总平面

第一节 基地选择

第2.1.1条 四个班以上的托儿所、幼儿园应有独立的建筑基地，并应根据城镇及工矿区的建设规划合理安排布点。托儿所、幼儿园的规模在三个班以下时，也可设于居住建筑物的底层，但应有独立的出入口和相应的室外游戏场地及安全防护设施。

第2.1.2条 托儿所、幼儿园的基地选择应满足下列要求：

一、应远离各种污染源，并满足有关卫生防护标准的要求。

二、方便家长接送，避免交通干扰。

三、日照充足，场地干燥，排水通畅，环境优美或接近城市绿化地带。

四、能为建筑功能分区、出入口、室外游戏场地的布置提供必要条件。

第二节 总平面设计

第2.2.1条 托儿所、幼儿园应根据设计任务书的要求对建筑物、室外游戏场地、绿化用地及杂物院等进行总体布置,做到功能分区合理,方便管理,朝向适宜,游戏场地日照充足,创造符合幼儿生理、心理特点的环境空间。

第2.2.2条 总用地面积应按照国家现行有关规定执行。

第2.2.3条 托儿所、幼儿园室外游戏场地应满足下列要求:

一、必须设置各班专用的室外游戏场地。每班的游戏场地面积不应小于60m²。各游戏场地之间宜采取分隔措施。

二、应有全园共用的室外游戏场地,其面积不宜小于下式计算值:

室外共用游戏场地面积 $(m^2) = 180 + 20(N-1)$

注:1. 180、20、1为常数,N为班数(乳儿班不计)。

2. 室外共用游戏场地应考虑设置游戏器具、30m跑道、沙坑、洗手池和贮水深度不超过0.3m的戏水池等。

第2.2.4条 托儿所、幼儿园宜有集中绿化用地面积,并严禁种植有毒、带刺的植物。

第2.2.5条 托儿所、幼儿园宜在供应区内设置杂物院,并单独设置对外出入口。基地边界、游戏场地、绿化等用的围护、遮拦设施,应安全、美观、通透。

第三章 建筑设计

第一节 一般规定

第3.1.1条 托儿所、幼儿园的建筑热工设计应与地区气候相适应,并应符合《民用建筑热工设计规程》中的分区要求及有关规定。

第3.1.2条 托儿所、幼儿园的生活用房必须按第3.2.1条、第3.3.1条的规定设置。服务、供应用房可按不同的规模进行设置。

一、生活用房包括活动室、寝室、乳儿室、配乳室、喂奶室、卫生间(包括厕所、盥洗、洗浴)、衣帽贮藏室、音体活动室等。全日制托儿所、幼儿园的活动室与寝室宜合并设置。

二、服务用房包括医务保健室、隔离室、晨检室、保育员值宿室、教职工办公室、会议室、值班室（包括收发室）及教职工厕所、浴室等。全日制托儿所、幼儿园不设保育员值宿室。

三、供应用房包括幼儿厨房、消毒室、烧水间、洗衣房及库房等。

第3.1.3条 平面布置应功能分区明确，避免相互干扰，方便使用管理，有利于交通疏散。

第3.1.4条 严禁将幼儿生活用房设在地下室或半地下室。

第3.1.5条 生活用房的室内净高不应低于表3.1.5的规定。

生活用房室内最低净高（单位：m）　　　表3.1.5

房 间 名 称	净 高
活动室、寝室、乳儿室	2.80
音体活动室	3.60

注：特殊形状的顶棚，最低处距地面净高不应低于2.20m。

第3.1.6条 托儿所、幼儿园的建筑造型及室内设计应符合幼儿的特点。

第3.1.7条 托儿所、幼儿园的生活用房应布置在当地最好日照方位，并满足冬至日底层满窗日照不少于3h（小时）的要求，温暖地区、炎热地区的生活用房应避免朝西，否则应设遮阳设施。

第3.1.8条 建筑侧窗采光的窗地面积之比，不应小于表3.1.8的规定。

窗地面积比　　　表3.1.8

房 间 名 称	窗地面积比
音体活动室、活动室、乳儿室	1/5
寝室、喂奶室、医务保健室、隔离室	1/6
其他房间	1/8

注：单侧采光时，房间进深与窗上口距地面高度的比值不宜大于2.5。

第3.1.9条 音体活动室、活动室、寝室、隔离室等房间的室内允许噪声级不应大于50dB，间隔墙及楼板的空气声计权隔声量（RW）不应小于40dB，楼板的计权标准化撞击声压级（LnT,W）不应大于75dB。

第二节　幼儿园生活用房

第3.2.1条 幼儿园生活用房面积不应小于表3.2.1的规定。

生活用房的最小使用面积(单位：m²)　　　　表3.2.1

房间名称 \ 规模	大型	中型	小型	备注
活动室	50	50	50	指每班面积
寝室	50	50	50	指每班面积
卫生间	15	15	15	指每班面积
衣帽贮藏室	9	9	9	指每班面积
音体活动室	150	120	90	指全园共用面积

注：1.全日制幼儿园活动室与寝室合并设置时，其面积按两者面积之和的80%计算。

2.全日制幼儿园(或寄宿制幼儿园集中设置洗浴设施时)每班的卫生间面积可减少2m²。寄宿制托儿所、幼儿园集中设置洗浴室时，面积应按规模的大小确定。

3.实验性或示范性幼儿园，可适当增设某些专业用房和设备，其使用面积按设计任务书的要求设置。

第3.2.2条 寄宿制幼儿园的活动室、寝室、卫生间、衣帽贮藏室应设计成每班独立使用的生活单元。

第3.2.3条 单侧采光的活动室，其进深不宜超过6.60m。楼层活动室宜设置室外活动的露台或阳台，但不应遮挡底层生活用房的日照。

第3.2.4条 幼儿卫生间应满足下列规定：

一、卫生间应临近活动室和寝室，厕所和盥洗应分间或分隔，并应有直接的自然通风。

二、盥洗池的高度为0.50～0.55m，宽度为0.40～0.45m，水龙头的间距为0.35～0.4m。

三、无论采用沟槽式或坐蹲式大便器均应有1.2m高的架空隔板，并加设幼儿扶手。每个厕位的平面尺寸为0.80m×0.70m，沟槽式的槽宽为0.16～0.18m，坐式便器高度为0.25～0.30m。

四、炎热地区各班的卫生间应设冲凉浴室。热水洗浴设施宜集中设置，凡分设于班内的应为独立的浴室。

第3.2.5条 每班卫生间的卫生设备数量不应少于表3.2.5的规定。

每班卫生间内最少设备数量　　　　　表3.2.5

污水池(个)	大便器或沟槽(个或位)	小便槽(位)	盥洗台(水龙头、个)	淋浴(位)
1	4	4	6~8	2

第3.2.6条　供保教人员使用的厕所宜就近集中，或在班内分隔设置。

第3.2.7条　音体活动室的位置宜临近生活用房，不应和服务、供应用房混设在一起。单独设置时，宜用连廊与主体建筑连通。

第三节　托儿所生活用房

第3.3.1条　托儿所分为乳儿班和托儿班。乳儿班的房间设置和最小使用面积应符合表3.3.1的规定，托儿班的生活用房面积及有关规定与幼儿园相同。

乳儿班每班房间最小使用面积（单位：m²）　　表3.3.1

房间名称	使用面积
乳儿室	50
喂奶室	15
配乳室	8
卫生间	10
贮藏室	6

第3.3.2条　乳儿班和托儿班的生活用房均应设计成每班独立使用的生活单元。托儿所和幼儿园合建时，托儿生活部分应单独分区，并设单独的出入口。

第3.3.3条　喂奶室、配乳室应符合下列规定：

一、喂奶室、配乳室应临近乳儿室，喂奶室还应靠近对外出入口。

二、喂奶室、配乳室应设洗涤盆。配乳室应有加热设施。使用有污染性的燃料时，应有独立的通风、排烟系统。

第3.3.4条 乳儿班卫生间应设洗涤池二个，污水池一个及保育人员的厕位一个（兼作倒粪池）。

第四节 服务用房

第3.4.1条 服务用房的使用面积不应小于表3.4.1的规定。

服务用房的最小使用面积（单位：m²）　　　表3.4.1

房间名称 \ 规模	大型	中型	小型
医务保健室	12	12	10
隔离室	2×8	8	8
晨检室	15	12	10

第3.4.2条 医务保健室和隔离室宜相邻设置，与幼儿生活用房应有适当距离。如为楼房时，应设在底层。医务保健室和隔离室应设上、下水设施；隔离室应设独立的厕所。

第3.4.3条 晨检室宜设在建筑物的主出入口处。

第3.4.4条 幼儿与职工洗浴设施不宜共用。

第五节 供应用房

第3.5.1条 供应用房的使用面积不应小于表3.5.1的规定。

供应用房最小使用面积（单位：m²）　　　表3.5.1

	房间名称 \ 规模	大型	中型	小型
厨房	主副食加工间	45	36	30
	主食库	15	10	15
	副食库	15	10	
	冷藏库	8	6	4
	配餐间	18	15	10
	消毒间	12	10	8
	洗衣房	15	12	8

第3.5.2条 厨房设计应符合下列规定。

一、托儿所、幼儿园的厨房与职工厨房合建时,其面积可略小于两部分面积之和。

二、厨房内设有主副食加工机械时,可适当增加主副食加工间的使用面积。

三、因各地燃料不同,烧火间是否设置及使用面积大小,均应根据当地情况确定。

四、托儿所、幼儿园为楼房时,宜设置小型垂直提升食梯。

第六节 防火与疏散

第3.6.1条 托儿所、幼儿园建筑的防火设计除应执行国家建筑设计防火规范外,尚应符合本节的规定。

第3.6.2条 托儿所、幼儿园的生活用房在一、二级耐火等级的建筑中,不应设在四层及四层以上;三级耐火等级的建筑不应设在三层及三层以上;四级耐火等级的建筑不应超过一层。平屋顶可做为安全避难和室外游戏场地,但应有防护设施。

第3.6.3条 主体建筑走廊净宽度不应小于表3.6.3的规定。

走廊最小净宽度(单位:m²)　　　表3.6.3

房间名称 \ 房间布置	双面布房	单面布房或外廊
生活用房	1.8	1.5
服务供应用房	1.5	1.3

第3.6.4条 在幼儿安全疏散和经常出入的通道上,不应设有台阶。必要时可设防滑坡道,其坡度不应大于1:12。

第3.6.5条 楼梯、扶手、栏杆和踏步应符合下列规定:

一、楼梯除设成人扶手外,并应在靠墙一侧设幼儿扶手,其高度不应大于0.60m。

二、楼梯栏杆垂直线饰间的净距不应大于0.11m。当楼梯井净宽度大于0.20m时,必须采取安全措施。

三、楼梯踏步的高度不应大于0.15m，宽度不应小于0.26m。

四、在严寒、寒冷地区设置的室外安全疏散楼梯，应有防滑措施。

第3.6.6条 活动室、寝室、音体活动室应设双扇平开门，其宽度不应小于1.20m。疏散通道中不应使用转门、弹簧门和推拉门。

第七节 建筑构造

第3.7.1条 乳儿室、活动室、寝室及音体活动室宜为暖性、弹性地面。幼儿经常出入的通道应为防滑地面。卫生间应为易清洗、不渗水并防滑的地面。

第3.7.2条 严寒、寒冷地区主体建筑的主要出入口应设挡风门斗，其双层门中心距离不应小于1.6m。幼儿经常出入的门应符合下列规定：

一、在距地0.60~1.20m高度内，不应装易碎玻璃。

二、在距地0.70m处，宜加设幼儿专用拉手。

三、门的双面均宜平滑、无棱角。

四、不应设置门坎和弹簧门。

五、外门宜设纱门。

第3.7.3条 外窗应符合下列要求

一、活动室、音体活动室的窗台距地面高度不宜大于0.60m。距地面1.30m内不应设平开窗。楼层无室外阳台时，应设护栏。

二、所有外窗均应加设纱窗。活动室、寝室、音体活动室及隔离室的窗应有遮光设施。

第3.7.4条 阳台、屋顶平台的护栏净高不应小于1.20m，内侧不应设有支撑。护栏宜采用垂直线饰，其净空距离不应大于0.11m。

第3.7.5条 幼儿经常接触的1.30m以下的室外墙面不应粗糙，室内墙面宜采用光滑易清洁的材料，墙角、窗台、暖气罩、窗口竖边等棱角部位必须做成小圆角。

第3.7.6条 活动室和音体活动室的室内墙面，应具有展示教材、作品和环境布置的条件。

第四章 建筑设备

第一节 给水与排水

第4.1.1条 托儿所、幼儿园应设室内给水排水系统。卫生设备的选型及系统的设计,均应符合幼儿的需要。

第4.1.2条 有热源条件时可设置或预留热水供应系统。

第二节 采暖与通风

第4.2.1条 采暖区托儿所、幼儿园应用低温热水集中采暖。热媒温度不宜超过70~95℃。幼儿用房的散热器必须采取防护措施。不具备集中采暖条件的二层以下房屋用壁炉、火墙采暖时,必须有高出屋面的通风、排烟等措施。

第4.2.2条 托儿所、幼儿园与其它建筑共用集中采暖时,宜有过渡季节采暖设施。

第4.2.3条 托儿所、幼儿园生活用房应有良好的自然通风。厨房、卫生间等均应设置独立的通风系统。

第4.2.4条 主要房间室内采暖计算温度及每小时换气次数不应低于表4.2.4的规定。

主要房间室内采暖计算温度及每小时换气次数　　表4.2.4

房间名称	室内计算温度(℃)	每小时换气次数
音体活动室、活动室、寝室、乳儿室、办公室、喂奶室、医务保健室、隔离室	20	1.5
卫生间	22	3
浴室、更衣室	25	1.5
厨房	16	3
洗衣房	18	5
走廊	16	

第三节 电 气

第4.3.1条 幼儿用房选用的灯具应避免眩光。寄宿制托儿所、幼儿园的寝室宜设置夜间巡视照明设施。

第4.3.2条 活动室、乳儿室、音体活动室、医务保健室、隔离室及办公用房宜采用日光色光源的灯具照明，其余场所可采用白炽灯照明。当用荧光灯照明时，应尽量减少频闪效应的影响。医务保健室和幼儿生活用房可设置紫外线灯具。

第4.3.3条 照度标准不应低于表4.3.3的规定。

主要房间平均照度标准（单位：lx）　　表4.3.3

房间名称	照度值	工作面
活动室、乳儿室、音体活动室	150	距地0.5m
医务保健室、隔离室、办公室	100	距地0.80m
寝室、喂奶室、配奶室、厨房	75	距地0.80m
卫生间、洗衣房	30	地面
门厅、烧火间、库房	20	地面

第4.3.4条 活动室、音体活动室可根据需要，预留电视天线插座，并设置带接地孔的、安全密闭的、安装高度不低于1.70m的电源插座。

第4.3.5条 在供应用房的电气设计中应为各种机电和电热设备提供或预留电源。

第4.3.6条 托儿所、幼儿园应设置电话、电铃。

附录一　名词解释

1. 全日制托儿所、幼儿园：幼儿白天在园、所生活的托儿所、幼儿园。
2. 寄宿制托儿所、幼儿园：幼儿昼夜均在园所生活的托儿所、幼儿园。
3. 活动室：供幼儿室内游戏、进餐、上课等日常活动的用房。
4. 寝室：供幼儿睡眠的用房。
5. 乳儿室：托儿所中供乳儿班玩耍、睡眠等日常生活的用房。
6. 喂奶室：家长或保育员对乳儿哺乳的用房。

7. 配奶室：配制乳儿食用乳汁的用房。

8. 音体活动室：进行室内音乐、体育游戏、节目、娱乐等活动的用房。

9. 隔离室：对病儿进行观察、治疗的用房。

10. 晨检室：早晨幼儿入园、入所时进行健康检查的用房。

附录二 本规范用词说明

一、执行本规范条文时，要求严格程度的用词说明如下，以便在执行过程中区别对待。

1. 表示很严格，非这样做不可的用词：

   正面词一般采用"必须"；

   反面词一般采用"严禁"。

2. 表示严格，在正常情况下均应这样做的用词：

   正面词一般采用"应"；

   反面词一般采用"不应"或"不得"。

3. 表示允许稍有选择、在条件许可时首先应这样做的用词：

   正面词一般采用"宜"；

   反面词一般采用"不宜"。

4. 表示一般情况下均应这样做，但硬性规定这样做有困难时，采用"应尽量"。

5. 表示允许有选择，在一定条件下可以这样作的，采用"可"。

二、条文中指明必须按其他有关标准、规范执行的写法为："应按……执行"或"应符合……要求或规定"。非必须按所指定的标准和规范执行的写法为"可参照……执行"。

附加说明：

本规范编制单位和主要起草人名单

编 制 单 位：黑龙江省建筑设计院

主要起草人：孙传礼 贾世超 葛庆华 郭盛元 马洪骥

主要参考文献

[1] 黎志涛编著.托儿所幼儿园建筑设计.南京：东南大学出版社，1991.

[2] 刘宝仲主编.托儿所幼儿园建筑设计.北京：中国建筑工业出版社，1989.

[3] 张宗尧、赵秀兰主编.托幼、中小学校建筑设计手册.北京：中国建筑工业出版社，1999.

[4] 日本建筑学会.(日)建筑设计资料集成.1979.

[5] (美)克莱尔.库珀.马库斯，卡罗琳.弗朗西斯编著.人性场所——城市开放空间设计导则.俞孔坚等译.中国建筑工业出版社，2001.

[6] (日)小川泽司(小川建筑工房).保育园.幼稚园の设计.(日)建筑思潮研究所，2003.

[7] 国家教育委员会建设司，东南大学建筑设计研究院编.幼儿园建筑设计图集.南京：东南大学出版社，1991.

[8] 《建筑设计资料集》编委会.建筑设计资料集第3集(托儿所、幼儿园).第二版.北京：中国建筑工业出版社.1994.

[9] 王冬妹、唐锡麟.学前儿童家具设备卫生标准的研究.中华预防医学杂志.第23卷第4期.1989.

[10] 乐嘉龙主编.外部空间与建筑环境设计资料集.北京：中国建筑工业出版社，1996.

[11] 方威孚等编.居住区儿童游戏场的规划与设计.天津：天津科技出版社，1986.

[12] 建筑技术及设计(游乐场设备).第十二期，1995.

[13] 薛素珍主编.儿童社会学.北京：北京少儿出版社，1985.

[14] 朱智贤著.儿童心理学.北京：人民教育出版社，1981.

[15] 单传英编著.幼儿教育学.长沙：湖南教育出版社，1983.

[16] 吴凤岗著.怎样培养孩子的聪明才智.北京：科学普及出版社，1982.

[17] (苏)柳布杜斯卡娅著.儿童心理发展概论.李殚等译.北京：人民教育出版社，1981.

[18] (西)帕科.阿森西奥.世界幼儿园设计典例.北京：知识产权出版社，2003.

[19] 张必信，叶文俊.学校建设.浅谈幼儿园建筑面积定额的编制与使用.1989.

[20] 徐修余主编.幼儿园空间环境布置.南宁：广西美术出版社，1999.

[21] 何德能主编.幼儿园环境设计.长春：东北师范大学出版社，2003.

[22] 中国建筑学会，建筑学报，1981(3)，1985(5)，1987(8)，1996(8)，2001(1).

[23] 清华大学，北京设计研究院.世界建筑.1986(4)，1987(5).

[24] 华中科技大学.新建筑.1996(1).

[25] 同济大学建筑与城市规划学院.时代建筑.2004(2).

[26] 徐志民主编.中国著名幼儿园管理制度全集.长春：北方妇女儿童出版社，2005.